W0308052

So lernen Pferde Reiterhilfen

BRITTA SCHÖFFMANN

MIT KOSMOS MEHR ENTDECKEN
Lektionen
praktisch
erarbeiten
SEIT 1822

KOSMOS

☞ Inhalt

DAS KOSTENLOSE EXTRA: DIE KOSMOS-PLUS-APP FÜR DIGITALE ZUSATZINHALTE

Dieses Buch bietet Ihnen weitere Inhalte in Form von ausgewählten Videos, die durch dieses Symbol 123 gekennzeichnet sind.

Und so geht's:
1. Besuchen Sie den App Store oder Google Play
2. Laden Sie die kostenlose App „KOSMOS PLUS" auf Ihr Mobilgerät
3. Öffnen Sie die App und laden die Inhalte für „So lernen Pferde Reiterhilfn" herunter
4. Auf den Buchseiten mit dem Symbol 123 können Sie sich die Videos ansehen. Dazu geben Sie den dort genannten Code, z. B. 001, in die App ein.

Mehr Informationen finden Sie unter plus.kosmos.de

VERSTEHE DEIN PFERD

Bücher übers Reitenlernen gibt es viele. Sie beschreiben, wie ein Reiter auf dem Pferd zu sitzen hat, welche reiterliche Hilfen es gibt, wann sie gegeben werden, wie Lektionen geritten und Pferde mit ihrer Hilfe gymnastiziert und ausgebildet werden – kurz: Sie sind Lehrbücher für Reiter. Lehrbücher für Pferde gibt es nicht. Was nicht verwundert, denn Pferde können nicht lesen. Wie aber wissen unsere Vierbeiner dann überhaupt, was sie wann tun müssen? Häufig bringen Nichtreiter diese Frage beim Anblick eines sich in tänzerischer Anmut präsentierenden Dressurpferdes ganz unbewusst auf den Punkt: Wie bringt Ihr den Pferden das eigentlich alles bei? Die Antwort von Reitern lautet dann im Allgemeinen: mit Zügel-, Schenkel- und Gewichtshilfen. Wenn das aber so einfach wäre, warum lernt das eine Pferd dann schneller und auch mehr als das andere? Warum kann auch ein erfahrener Reitmeister nicht aus jedem Pferd ein Spitzenpferd machen? Wieso bleibt ein Spitzenpferd unter einem unerfahrenen oder schlechten Reiter nicht auf dem Niveau seines Könnens, wo es doch einmal alles gelernt hat? Und woher weiß ein Pferd überhaupt, wann es auf welche Hilfe wie zu reagieren hat?

Fragen über Fragen, die letztlich alle um die eine Kernfrage kreisen: Wie lernen Pferde Reiterhilfen? Dieses Buch soll allen Reitern helfen, ihre Pferde unter dem Sattel besser zu verstehen. Es soll aufzeigen, welchen Einfluss die Natur des Pferdes auf sein Verhalten und auf seine Lernfähigkeit hat, welche Mechanismen bei reiterlichen Einwirkungen greifen, wieso Strafe in der Ausbildung nichts zu suchen hat, warum ein ausbalancierter Sitz für eine gelungene Kommunikation so wichtig ist und welche weiteren Faktoren die Entwicklung eines (Reit-)Pferdes fördern oder begrenzen können. Dabei hat dieses Buch nicht den Anspruch, ein wissenschaftliches Werk zu sein. Und damit es nicht zu theoretisch ist, gibt es zu jedem Kapitel viele praktische Beispiele, die den Alltag von Reitpferd und Reiter nachhaltig erleichtern werden.

In diesem Sinne viel Spaß beim Lesen und Studieren!

Dr. Britta Schöffmann

DER REITER ALS LEHRER

Reiten lernt man nur durch Reiten. Dieser Spruch hat natürlich seine Berechtigung, nicht zuletzt weil der Reiter die Muskeln und Reflexe, die für die Bewegungsabläufe beim Reiten erforderlich sind, tatsächlich nur durch das Erspüren der Bewegung auf dem Pferd trainieren kann. Von Vielen wird dieser Spruch aber auch so interpretiert, dass Bücher zum Reitenlernen nutzlos sind. Da Sie dieses Buch in den Händen halten, gehören Sie offenbar nicht zu diesem Teil der Reiter – Glückwunsch! Natürlich gibt es viele Menschen, die praktische Dinge mindestens genauso gut erlernen, wenn sie sich zuvor das nötige Hintergrundwissen in Ruhe durchlesen und verinnerlichen können. Denn auch wenn es in diesem Buch eigentlich darum geht, wie das Pferd lernt: Ein Jungpferd muss erst lernen, die Hilfen des Reiters zu verstehen, und auch ein erfahrenes Pferd lernt immer und überall – und Sie als Reiter/-in sind somit sein Lehrer – immer. Ein guter Lehrer weiß, dass es stets Möglichkeiten gibt, an sich selbst zu arbeiten, um so seinen „Unterricht" – in diesem Fall für das Pferd – noch effektiver zu gestalten. Wie aber bringe ich meinem Pferd bei, wie gewünscht auf meine Hilfen zu reagieren und zu lernen, immer feinere Hilfen zu verstehen? Genau hier setzt das Buch „So lernen Pferde Reiterhilfen" an. Zum gut recherchierten Hintergrundwissen kommen zahlreiche anschauliche Beispiele, die es dem Leser leicht machen, diese auch in die Praxis umzusetzen. Dr. Britta Schöffmann ist Trägerin des Goldenen Reitabzeichens und mit diesem Buch ist es ihr in einzigartiger Weise gelungen, die wissenschaftlichen Erkenntnisse zum Lernen von Pferden für Reiter verständlich und mit vielen anschaulichen Beispielen darzustellen. Ein Muss für jeden Reiter, der bereit ist, sich seiner Lehrerrolle bewusst(er) zu werden, und so das Beste aus sich und seinem Pferd holen möchte.

Prof. Dr. Uta König von Borstel
Pferdewissenschaftlerin, Verhaltensforscherin, Vorstandsmitglied der Gesellschaft zur Förderung der Wissenschaft ums Pferd e. V. (GWP) und der International Society for Equitation Science (ISES)

VERSTEHEN
— *und Verständnis*

NEUES UND BEWÄHRTES

Verstehen und Verständnis, das sind zwei immens wichtige Begriffe in der Zusammenarbeit von Pferd und Reiter. Dabei muss vor allem der Mensch dem Tier und seinen Bedürfnissen gerecht werden.

Wie im Vorwort schon erwähnt, lautet die Kernfrage dieses Buches: Wie lernen Pferde eigentlich, Reiterhilfen zu verstehen? Über Jahrhunderte wurde das Wissen um die Ausbildung der Pferde entwickelt, verfeinert und weitergegeben. Es wurde erklärt, welches Reiterbein in welcher Lektion wo zu liegen hat, wie man ein Pferd vom Sattel aus vorwärts-, seitwärts- oder rückwärtsbewegt, was die Zügelfäuste wann zu tun haben und so weiter. Eigentlich war und ist damit alles gesagt, denn unter einem guten und erfahrenen Reiter reagieren die meisten Pferde ja auch nach einer gewissen Trainingszeit wie gewünscht. Und trotzdem entstehen schon mal Probleme in der Kommunikation zwischen Pferd und Reiter. Das muss einen Grund haben, genauso wie es einen Grund hat, dass Pferde auf die Hilfen unerfahrener Reiter kaum, ungenau oder gar nicht reagieren und dass selbst perfekt ausgebildete Pferde unter ‚schlechten' Reitern früher oder später ihre Durchlässigkeit, ihre Ausstrahlung und ihren Glanz verlieren. Wie kann das sein, wo sie doch alles mal gekonnt haben?
Spätestens jetzt sollte sich jeder Reiter und auch jeder Ausbilder mit der Frage beschäftigen, welche Besonderheiten und Abläufe es sind, die ein Pferd überhaupt lernen lassen – das verlangte ‚Richtige' ebenso wie das nicht verlangte ‚Falsche'. Wenn sich heute die Wissenschaft, und hier vor allem die Verhaltenswissenschaft, mit dem Lernverhalten von Tieren, in unserem Fall Pferden, beschäftigt, dann mögen die Vorgehensweisen mit zuvor formulierten Thesen, mit genauen Versuchsanordnungen, anschließenden Analysen und möglichen Verallgemeinerungen manchem Praktiker seltsam und wie ‚moderner Kram' vorkommen. Doch all diese Wissenschaften und Untersuchungen haben Hand und Fuß. Dabei kommen zwar nicht unbedingt bahnbrechende neue Erkenntnisse zutage, wohl aber wichtige Erklärungen, die auf Erfahrungen

François Robichon de la Guérinière

Die starren Rüstungen machten feine Einwirkung unmöglich. (A. Dürer, 1513)

beruhende Lehren und Methoden früherer und auch aktueller Zeiten untermauern oder auch in einigen Fällen deren Unbrauchbarkeit beweisen.

Bei der Ausbildung von Pferden wird heute mehr denn je auf Harmonie, Gewaltfreiheit und Respekt dem Tier gegenüber gesetzt. Nicht selten wird dabei die moderne Sportreiterei kritisiert und im Gegenzug dazu werden „die guten alten Zeiten" heraufbeschworen und idealisiert. Dabei gab es vor allem von der Antike – der bis heute oft zitierte Befehlshaber und Schriftsteller Xenophon bildete hier wohl eine Ausnahme – bis zum Mittelalter wahrhaft brutale Strömungen in der Ausbildung von Pferden, die vor allem auf Unterwerfung und Strafe basierten. Zum Glück setzten sich während der Renaissance und des Barockzeitalters nach und nach Reitausbilder durch, die für damalige Zeiten äußerst moderne Ansichten vertraten und damit die Reiterei Schritt für Schritt (und im Sinne der Pferde) verbesserten. So formulierte zum Beispiel Antoine de Pluvinel (1555 – 1620) bereits im 16. Jahrhundert: „Das Pferd muss Freude an der Arbeit haben. Ohne die werden weder das Pferd noch der Reiter jemals anmutig sein." Freude an der Arbeit – das klingt nach Motivation. Ein Begriff, der jedoch erst 400 Jahre später Eingang in die Wissenschaft fand und inzwischen in aller Munde ist – auch wenn es um Pferd und Reiter geht.

Über 100 Jahre nach Pluvinel erklärte ein anderer großer Meister seiner Zeit, François Robichon de la Guérinière (1688 – 1751) und von vielen Experten als der Urvater der modernen Reitlehren bezeichnet, dass „das Wissen um die wahre Natur der Pferde die erste Grundlage der Reitkunst (ist) und jeder Reiter daraus sein Hauptfach machen (muss)". Den wissenschaftlichen Begriff der Ethologie, und nichts anderes ist das Wissen um die Natur des Pferdes, gab es seinerzeit noch gar nicht. Er wurde erst Mitte des 19. Jahrhunderts in Frankreich vom französischen Zoologen Isidore Geoffroy Saint-Hilaire geprägt und gelangte über Umwege nach Deutschland.

Ganz unabhängig von wissenschaftlichen Fragestellungen machten sich verantwortungsvolle Reiter – manche dieser ‚alten Meister' gelten noch heute als als richtungsweisend und werden deshalb in diesem Buch auch immer wieder zitiert – Gedanken darüber, wie sie einem Pferd unter dem Reiter etwas beibringen konnten. Seiner Zeit weit voraus war auch der Brite William Cavendish Duke of Newcastle (1592 – 1676), der, von Pluvinel inspiriert, mit seiner Reitmethode auf die damals noch vollkommen neue Erkenntnis setzte, dass Pferde intelligente Kreaturen und in der Lage zu lernen seien. „Pferde lernen durch Gewöhnung und Erinnerung, mit vielen Wiederholungen, um ihre Erinnerung zu stärken." Cavendish werden allerhand Erfindungen zugeschrieben, neben dem Kappzaum leider wohl auch der Schlaufzügel. Aber auch Erkenntnisse wie:

„Geduld ist eines der Geheimnisse bei der Pferdeausbildung. Es ist wahr, dass Geduld ohne Wissen niemals erfolgreich sein wird, ebenso wie Wissen ohne Geduld selten zum Erfolg führt."

Zu dieser Zeit der Entstehung der ‚Reitkunst' wurden Lektionen und Übungen erfunden, die bis in die Gegenwart Bestand haben, darunter Volten, Schulterherein, Pirouetten und Ähnliches. Und auch die verfeinerte Hilfengebung entwickelte sich, wobei vieles vermutlich zunächst nach dem Prinzip Versuch und Irrtum entstand. Aus einem lediglich bremsenden, durch scharfe Gebisse verstärkten Ruck im Maul der Ritter-Reiterei wurde durch Beobachtung der Reaktion der Pferde nach und nach die halbe Parade bzw. in der französischen Reiterei das Demis Arrêt. Der Einsatz von Gewichtshilfen aus einem ausbalancierten Sitz schien Auswirkungen auf die Pferde zu haben, ebenso die unterschiedliche Lage der Schenkel, die unterschiedliche Intensität von reiterlichen Aktionen und auch die Wirkung von Lob und Strafe. Ihre Beobachtungen schrieben einige der alten Meister nieder, nicht als Wissenschaftler, sondern als Praktiker.

Heute streiten immer wieder Reiter unterschiedlicher Lehren und Schulen, welche denn nun die Richtige, die einzig Wahre sei. Dabei ist dieser Streit müßig, denn letztlich gibt es eigentlich nur gutes Reiten und schlechtes Reiten. Dabei gibt das Pferd mit seiner Anatomie, seiner Physiologie, mit der Biomechanik seiner Bewegungen und nicht zuletzt mit seiner Natur und seiner allgemeinen und individuellen Lernfähigkeit die Anforderungen an den Reiter und die Reitlehre vor. Gerade auch der letzte Punkt, die Individualität des Pferdes, darf nicht außer Acht gelassen werden beim Versuch, ihm etwas beizubringen.

Wer sich mit Pferden, und hier vor allem mit dem (Dressur-)Reiten, beschäftigt, sollte sich auch das Wissen um Arbeitsweise und Zusammenspiel von Muskeln, Sehnen und Gelenken des Pferdes aneignen, um anatomische Besonderheiten (z. B. Lage der Augen und damit Besonderheit des Blickfeldes) sowie um Abläufe, Grundlagen und Grenzen beim Lernen. Denn nur darüber kann ein Reiter auch begreifen, warum sein eigener Sitz, seine Aktionen auf dem Pferderücken und das Timing seiner Einwirkungen so unglaublich wichtig sind für den erhofften Lernfortschritt. Nur so kann er verstehen, wie ein Pferd tickt und warum. Dabei muss man sich als Mensch immer wieder klarmachen, dass ein Pferd immer ein Spiegel, ein Echo seines Reiters ist. Jede Unsicherheit, jede Schwäche, jeder vermeintliche Fehler eines Pferdes entsteht nicht aus Vorsatz, sondern aus Missverständnissen heraus als Reaktion auf unklare oder fehlerhafte Aktionen des Reiters.

Wissen um die Natur des Pferdes …

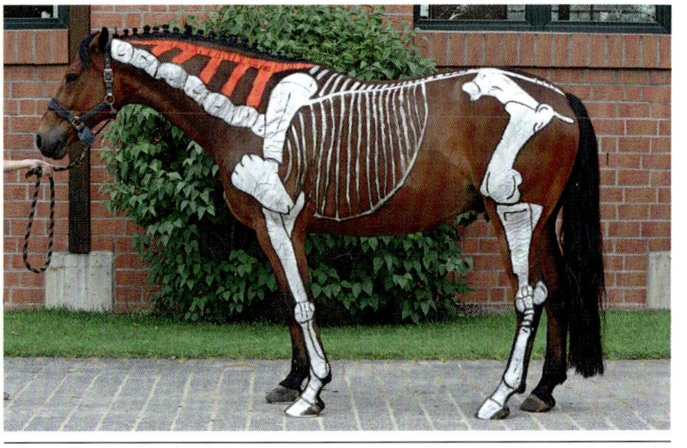

… ist ebenso wichtig wie um seine Anatomie und Physiologie.

ETHOLOGIE DES PFERDES

— *die Natur verstehen*

WIE TICKT (M)EIN PFERD?

Wer sein Pferd verstehen und von ihm verstanden werden will, muss akzeptieren, dass es anders tickt als der Mensch. Dies ist keine Frage von Arroganz, sondern von Fairness.

Wer irgendwann einmal sein Reitabzeichen gemacht oder sich auch sonstwie ein wenig mit dem Thema Pferd beschäftigt hat, der wird folgende Aussagen sicher schon mal gehört haben: 1. Pferde sind Fluchttiere, 2. Pferde sind Herdentiere, 3. Pferde sind, als ehemalige Steppenbewohner, Bewegungstiere. Das reine Auswendiglernen derartiger Informationen reicht allerdings nicht aus. Jeder, der mit Pferden zu tun hat, muss sich immer wieder vor Augen führen, was dies für den Umgang und auch für das Reiten eigentlich bedeutet. Und hier sind wir beim übergeordneten Begriff der Ethologie, der Wissenschaft, die sich, vereinfacht gesagt, als Teilgebiet der Biologie mit natürlichen, angeborenen Verhaltensweisen beschäftigt. Die Ethologie, heute auch als Verhaltensbiologie bezeichnet, beschreibt und erklärt angeborenes, tief verwurzeltes Verhalten, Triebe und Instinkte sowie echte Bedürfnisse wie Flucht- und Sozialverhalten.

Für die Kommunikation zwischen Mensch und Pferd ist es beispielsweise immens wichtig, zu wissen, das Pferde nicht nur einfach gerne mit anderen zusammen sind. Es ist dies vielmehr ein echtes, tief verwurzeltes Bedürfnis. Auch Scheuen und Wegstürmen sind keine dummen Angewohnheiten, um den Reiter zu ärgern. Sie sind angeborenes Instinktverhalten und für das Pferd als Fluchttier (in Freiheit) eine absolut wichtige Überlebensstrategie und -notwendigkeit.

Apropos ärgern. Häufig hört man von Reitern und sogar von Ausbildern bei aufkommenden Problemen wie Scheuen und Bocken, verzögerten Reaktionen auf Hilfen oder Fehlern bei Lektionen den Satz „Der verar...t mich/dich gerade" oder „das macht der jetzt mit Absicht". Das ist jedoch eine sehr vermenschlichende – und damit unfaire – Sicht der Dinge. Zielgerichtete Planungen, wie wir Menschen sie tun, indem wir uns Dinge vornehmen, sie

„Das Wissen um die wahre Natur der Pferde ist die erste Grundlage der Reitkunst und jeder Reiter muss daraus sein Hauptfach machen."

(Francois Robichon de la Guérinière, 1688–1751)

Pferde lernen nicht nur vom Menschen, sondern auch von Artgenossen – und zwar von Geburt an.

uns gedanklich ausmalen und uns auch das mögliche zukünftige Ergebnis vorstellen können, sind das Ergebnis der Fähigkeit einer speziellen Region unseres Hirns. Der sogenannte Präfrontale Cortex (PFC), der Frontallappen, der hierfür zuständig ist, liegt im vorderen Bereich unseres Schädels. Auch viele Tiere haben einen Präfrontalen Cortex, doch sind seine Größe im Vergleich zum übrigen Gehirn sowie seine Zellstruktur anders. Während sich der PFC von Menschen (und Menschenaffen) sehr körnig darstellt, ist der von Nicht-Primaten ungekörnt, ein Umstand, dem große Bedeutung zukommt. Denn diese körnigen Zellen sind es, die es uns Menschen unter anderem ermöglichen, uns über unsere Gedanken eine ganze Vorstellungswelt zu schaffen. Wir könnten also morgens aufstehen und uns beispielsweise vornehmen, an diesem speziellen Tag mit unserem Pferd vielleicht am Außengalopp zu arbeiten. Wir sind in der Lage, schon beim Gedanken daran die notwendige Hilfengebung kurz Revue passieren zu lassen, uns vor-

zunehmen, bei möglicherweise auftauchenden Problemen geduldig zu bleiben und so fort. Pferde können so etwas aufgrund ihrer simpleren PFC-Struktur nicht. Sie leben im Hier und Jetzt, nicht in einer ausmalbaren Zukunft. Und deshalb ist es ihnen gar nicht möglich, beim Anblick des Reiters zu denken: „Ich habe heute keine Lust und deshalb werde ich dem Menschen nachher unterm Sattel durch Unkonzentration und Widersetzlichkeit mal zeigen, wer hier am längeren Hebel sitzt." Das heißt nicht, dass ein Pferd seinen Men-

Pferde leben im Hier und Jetzt.

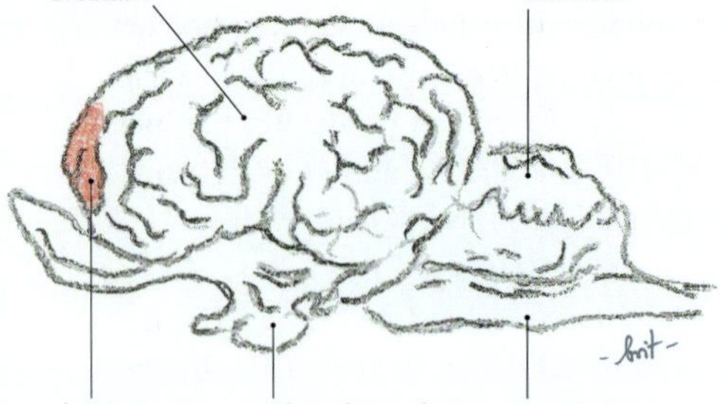

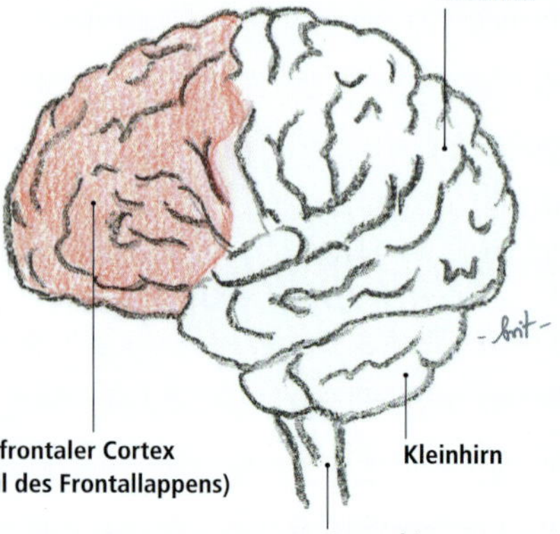

Grob vereinfachte Darstellung der Lage des präfrontalen Cortex bei Pferd und Mensch

schen/Reiter nicht auch mal austestet. Allerdings geschieht dies nicht aus Planung und Vorsatz, sondern aus der angeborenen sozialen Besonderheit des Herdentieres heraus. Herdentier zu sein, heißt Mitglied einer Gruppe zu sein. Interaktionen zwischen den einzelnen Gruppenmitgliedern sind bedeutend und verraten viel über die Zusammensetzung und Hirarchien. Ein unsicheres, schwaches Gruppenmitglied kann schon mal von den anderen ‚untergebuttert' oder sogar gemobbt werden. Unsicherheit des Menschen respektive des Reiters kann ebenso bemerkt und beantwortet werden.

Allerdings weiß man heute, dass die soziale Organisation solcher Pferde-Gruppen veränderlich ist. Ein Pferd kann in der Gruppe – auch wenn wir von Herdentier sprechen leben Pferde auch innerhalb einer größeren Herde in kleineren Gruppen – im Rang sowohl auf- als auch absteigen. Auch individuelles Dominanzverhalten ist keine festgeschriebene Größe zwischen den Pferden, sondern abhängig von unterschiedlichen Gegebenheiten und Situationen. So kann ein Pferd, wenn es beispielsweise um Futter geht, durchaus dominant sein, sich auf einem anderen Gebiet aber gleichsam zurücknehmen und anderen den Vortritt lassen. Angesichts immer mal wieder aufkommender Alphatier-Theorien mancher Erziehungs-Gurus, die nicht nachlassen, darauf hinzuweisen, dass der Mensch immer der dominante Chef seines Pferdes/Tieres sein müsse, eine interessante und bedenkenswerte wissenschaftliche Erkenntnis. Nicht der, der den anderen beherrscht und unterdrückt, hat auch in der Welt der Pferde Führungsqualitäten, sondern der, der vom Gegenüber als souverän und vertrauenswürdig eingeschätzt wird, als jemand, von dem

„Dominanz ist dummes Zeug. Man muss das Vertrauen der Pferde gewinnen und mit ihnen reden."

(George Theodorescu, 1925–2007)

man sich gern (zur nächsten Wasserstelle, zum schmackhaftesten Futter oder aus einer Gefahr heraus-) führen lässt. Das Leittier in der Gruppe ist also nicht das aggressivste und stärkste Tier, das die anderen unterdrückt und klein hält, sondern dasjenige, das durch Mut, Erfahrung und Intelligenz überzeugt – eine Führungspersönlichkeit eben. Und Freundschaften zwischen Pferden darf und kann es genauso geben wie Freundschaften zwischen Pferd und Mensch, wobei Letztere den Kontakt zu Artgenossen allerdings nicht ersetzen können. Die Erkenntnisse aus diesen ethologischen Gegebenheiten haben natürlich auch direkte Auswirkungen auf das Reiten und das Ausbilden von Pferden. Alleinsein zum Beispiel muss ein Pferd als Herdentier erst lernen. Das heißt nun nicht, dass es lernen soll, allein zu leben. Im Gegenteil: Mit dem Wissen, dass Sozialkontakt ein grundlegendes, angeborenes Bedürfnis eines Pferdes ist, muss jedem auch klar sein, dass Einzelhaft für die Psyche eines Pferdes und damit für seine Gesundheit auf Dauer schädlich ist. Das Alleinsein während des Trainings in einer Reithalle oder auf dem Reitplatz ist einem Pferd dagegen durchaus zuzumuten. Allerdings kann dies für ein junges Pferd anfangs unheimlich sein, denn es entspricht nicht seiner Natur. Es muss an diese neue Situation gewöhnt werden und lernen, sie zu akzeptieren. Deshalb ist es ja auch sinnvoll, einem jungen Pferd zunächst ein älteres,

Fellkraulen gehört zum großen Bereich des Sozialverhaltens von Pferden.

Mindestens ein Sozialpartner muss sein.

erfahrenes Pferd zur Seite zu stellen. Zum einen ahmt es dessen Verhalten nach, zum anderen erfährt es durch das erfahrene Begleitpferd Sicherheit. Erst nach und nach lernt es dann, dass ihm auch beim vorübergehenden Alleinsein nichts passiert und dass es wieder zu seinen Stall- bzw. Weidekumpeln zurück darf. Es bei ersten Solo-Trainings für Unsicherheiten wie Kleben, Wiehern oder Anspannung zu bestrafen, wäre deshalb absolut kontraproduktiv. Genauso schädlich ist es, ein Pferd ausschließlich im Stall zu halten und es höchstens ein-

In der Gruppe fühlt sich das Herdentier Pferd sicher und wohl.

mal am Tag zum Reiten aus der Box zu lassen. Auch der Drang, sich zu bewegen, ist kein Hobby des Pferdes, sondern ein absolutes Bedürfnis. Täglicher Freilauf, so oft wie möglich Weide mit der Möglichkeit zum Sozialkontakt mit Artgenossen, ist ein absolutes Muss für das Lauftier Pferd und gesund für Körper und Psyche. Und wenn, aus welchen Gründen auch immer, Weidegang und Freilauf (vorübergehend) nicht möglich sind, dann sollte ein Pferd mindestens zweimal täglich seine Box verlassen dürfen und durch Arbeit, Spazierengehen an der Hand und/oder in der Führmaschine sein Bewegungsbedürfnis zumindest ansatzweise ausleben können. Werden solche natürlichen Bedürfnisse längerfristig oder gar dauerhaft unterdrückt, drohen Verhaltensauffälligkeiten und auch Verhaltensstörungen. Im Stall können das Koppen, Weben oder Scharren sein, unter dem Reiter Unkonzentriertheit, Neigung zu Scheuen oder Wegstürmen, Buckeln etc. Nur ein ausgeglichenes und zufriedenes Pferd kann ein ausgeglichener Partner sein.

LERNTHEORIE BEACHTEN

— Verhalten beeinflussen und ändern

WIE LERNT (M)EIN PFERD?

Dass Pferde in ihrer Rolle als Reittiere überhaupt zum Freizeit- oder Sportpartner des Menschen heranwachsen und reifen können, verdanken sie ihrer Fähigkeit zu lernen.

Hier kommt, wissenschaftlich gesehen, die sogenannte Lerntheorie ins Spiel, also die Änderung von (angeborenem) Verhalten sowie das Hinzufügen von (nicht angeborenem) Verhalten durch Erfahrung/Lernen. Lerntheorien können folglich nicht losgelöst von der Ethologie betrachtet werden, sondern sind damit immer auch verbunden. In der Wissenschaft entwickelten sich über die vergangenen Jahrzehnte und auch abhängig von geographischen Zugehörigkeiten unterschiedliche Ansätze (Behaviorismus, Ethologie, Kognitivismus, Verhaltensbiologie, Soziobiologie etc.), die sich teils widersprachen, sich teils ergänzten oder aufeinander aufbauten. Hier tiefer in die Unterschiede bzw. Gemeinsamkeiten einzutauchen, würden den Rahmen dieses Buches, das sich als Praxis-Handbuch und nicht als wissenschaftliches Werk versteht, sprengen und auch zu weit führen. Bezogen aufs Reiten wollen wir uns deshalb vornehmlich mit den behavioristischen (Behaviorismus wird als die Theorie der Wissenschaft des menschlichen und tierischen Verhaltens bezeichnet) Lerntheorien und ihren Auswirkungen auf die Ausbildung des Pferdes und auf die des Reiters befassen. Entsprechend dieser Theorien geschieht Lernen und somit auch das Training des Pferdes über drei Hauptsäulen:

1. Gewöhnung
2. Klassische Konditionierung
3. Operante Konditionierung

Allerdings muss man sich immer bewusst sein, dass diese Säulen keine starre Gebrauchsanweisung sind nach dem Motto: „Eine Prise Gewöhnung, eine Prise Konditionierung und schon klappt alles." Sie geben dem Menschen lediglich das Wissen und die Instrumente an die Hand, ein Pferd zum Partner zu machen, statt zum Gegener oder Opfer.

So wie Menschenkinder in der Schule lernen, so muss auch ein Pferd die Bedeutung reiterlicher Einwirkungen erst lernen.

GEWÖHNUNG

Den Begriff Gewöhnung und seine Bedeutung zu verstehen, ist im Umgang mit Pferden besonders wichtig. Pferde sind, wie im Kapitel Ethologie beschrieben, Fluchttiere. Das heißt, dass unbekannte Außenreize den angeborenen Fluchtmechanismus auslösen können. In freier Wildbahn eine sinnvolle Überlebensstrategie, im Zusammenleben mit dem Menschen eher hinderlich und auch gefährlich. Das Pferd muss deshalb zunächst einmal also an alle möglichen, für es unnatürlichen Situationen und Außenreize gewöhnt werden. Dabei soll es lernen, nicht mehr instinktiv als Fluchttier zu reagieren. Diese Gewöhnung kann über unterschiedliche Methoden erreicht werden:

— Systematische Desensibilisierung
— Reizüberflutung
— Gegenkonditionierung
— Annäherungskonditionierung
— Unterbinden
— Überlagern

SYSTEMATISCHE DESENSIBILISIERUNG

Diese Art der Gewöhnung setzt auf häppchenweise Konfrontation mit dem Unbekannten. Dabei wird das Geschehen, seien es Situationen, Geräusche, Berührungen oder Bewegungen, dem Pferd nach und nach nähergebracht. Wie schnell man dabei vorgeht, bestimmt allein das Pferd. Bei unerschrockenen, souveränen und eher neugierigen Pferden geht die Gewöhnung an Unbekanntes meist unkompliziert und fast nebenher. Bei unsicheren, ängstlichen oder sehr sensiblen Pferden kann es schon etwas länger dauern. Wichtig ist, das Pferd nicht zu überfordern, um keinen Rückschlag zu riskieren. Systematische Desensibilisierung nutzt man in der direkten Vorbereitung aufs Reiten unter anderem bei der Gewöhnung an Halfter, Trense oder Sattel. Sehr sinnvoll ist es hier natürlich, dem Pferd schon vor dem Anreiten über Erziehungsarbeit vom Boden aus (Bodenarbeit) bereits viel über das Zusammensein mit dem Menschen beigebracht zu haben.

Angeborene Neugier …

… kann der Reiter nutzen, um …

… ein Pferd an Neues zu gewöhnen.

Das „Überspringen“ zeigt, dass dem Braunen das bunte Hindernis noch ein bisschen unheimlich ist.

REIZÜBERFLUTUNG/FLOODING

Hierbei wird auf Reizkonfrontation und Reizüberflutung (Flooding) gesetzt. Ein Pferd, das zum Beispiel Angst vor Musik hat, könnte über einen längeren Zeitraum mit lauter Musik beschallt werden, bis es darauf nicht mehr ausweichend reagiert. Da ein solches Vorgehen – ganz gleich ob mit Musik oder anderen Angstauslösern – ein Tier aber unter Stress setzt und eher Resignation und Hilflosigkeit erzeugt, ist ein solches Vorgehen mit Vorsicht zu betrachten. Vor allem hypersensible Pferde reagieren hier schnell mit Panik oder gebrochener Resignation (erlernte Hilfslosigkeit). Der oft gehörte Satz „da muss er jetzt durch“ bringt häufig mehr Probleme als Lösungen mit sich. Stattdessen wäre auch hier die systematische Desensibilisierung vorzuziehen. Im Beispiel der Musik-/Geräusch-Phobie (auch das Motorengeräusch einer Schermaschine oder Ähnliches kann bereits angstauslösend sein) hieße das: zunächst das Pferd nur für ein paar wenige Minuten (oder Sekunden) dem wenn möglich leise gestellten Geräusch aussetzen, dann wieder ausschalten. Dies so lange in kleinen Häppchen wiederholen, bis die Abwehrreaktion des Pferdes (Erschrecken, Flucht etc.) immer weniger wird. Gegebenenfalls den vom Pferd als angstauslösend empfundenen Reiz mit einer angenehmen Handlung verbinden, das Pferd also „gegenkonditionieren“.

GEGENKONDITIONIERUNG

Die Gegenkonditionierung setzt darauf, eine zuvor mit unangenehmen Empfindungen besetzte Situation mit einem angenehmen Reiz zu verbinden. Um im Beispiel der Musik oder des Schermaschinensurrens zu bleiben: Hier könnte man dem Pferd kurz vor Beginn

Über systematische Desensibilisierung hat dieser Haflinger gelernt, dass bunte Luftballons keine Gefahr bedeuten.

Futter, wie diese Leckereien, gilt als Belohnung.

des Geräusches ein Leckerli geben, vielleicht eine ganze Mohrrübe, an der es länger zu kauen hat. Dann kurz das Geräusch erklingen lassen, wieder abstellen und so fort, bis zunächst kleine Möhrenstückchen ausreichen und schließlich das Geräusch auch ganz ohne Futtergabe akzeptiert wird. Die Gefahr bei der Gegenkonditionierung liegt im richtigen Timing: Erfolgt die Belohnung im falschen Moment, also dann, wenn das Pferd bereits mit Flucht reagiert, kann sich die unerwünschte Reaktion sogar noch verstärken, da hier – aus Sicht des Pferdes – die Fluchtreaktion belohnt würde.

ANNÄHERUNGS-KONDITIONIERUNG

Sinnvoll kann es sein, mittels der sogenannten Annäherungskonditionierung zu arbeiten. Hier geht man vom angeborenen Neugierverhalten des Pferdes aus, das sich – immer bereit, sich auf dem Absatz umzudrehen und zu fliehen – trotzdem einer unheimlichen Sache (Traktor, Schirm o. Ä.) gerne mit langgestreckten Hals annähern und es erforschen möchte. Der ‚Trick': Jedesmal, wenn sich das Pferd auf den Reiz zubewegt (sei es nur mit dem Hals oder mit dem ganzen Körper), wird das ‚Furcht-Objekt' von einem Helfer ein Stück vom Pferd wegbewegt. Stoppt das Pferd, stoppt das Furcht-Objekt. Hierbei lernt das Pferd, nicht nur seinen Fluchtinstinkt zu unterdrücken, sondern vor allem selbst aktiv zu werden. Es ‚vertreibt' das Furcht-Objekt quasi, bis es schließlich den Mut hat, sich ganz zu nähern. Der Vorteil: Vor allem unsichere Pferde können auf diese Weise der Gewöhnung sogar an Selbstbewusstsein gewinnen, ein Vorteil für spätere fremde Situationen. Über Annäherungskonditionierung lässt sich sowohl bei der Bodenarbeit als auch vom Sattel aus Gewöhnung erreichen.

☞ ANNÄHERUNGSKONDITIONIERUNG – EIN BEISPIEL

01 Der junge Hengst hat etwas entdeckt, das er nicht einordnen kann, und bremst. Körperhaltung in Alarmstellung

02 Die Reiterin reagiert perfekt und lässt ihn erst einmal schauen.

03 Zögerlich macht das Pferd einen Schritt nach vorn.

04 Auf jedes sich Nähern wird das Angstobjekt …

05 … ein Stück vom Pferd wegbewegt.

06 Wichtig: Das Pferd bestimmt das Tempo!

07 Und wieder ein Stück zurück …

08 … bis die Neugierde schließlich siegt. Die Annäherung ist ohne Zwang geglückt.

Überlagern lässt sich eine aufkommende Unsicherheit mit etwas Bekanntem, hier einem Schultervor.

UNTERBINDEN

Für das Selbstbewusstsein eines Pferdes gar nicht förderlich ist etwas, was in der Verhaltensforschung als ‚Unterbinden' bezeichnet wird. Hierbei setzt der Mensch auf körperlichen oder psychischen Druck und versucht, das unerwünschte Verhalten – beim Reiten zum Beispiel eine entstehende Unsicherheit, ein Scheuen oder plötzliches Abdrehen – zu verhindern, indem er mit seinem reiterlich-technischen Können (Körperkraft), mit Hilfsmitteln (strenger Einsatz von Hilfszügeln wie Schlaufzügel o. Ä.), Zwangshaltungen (Kopf / Hals des Pferdes mit extrem kurzem Zügel fixieren) oder gar dem Einsatz von Gerte und Sporen Zwang ausübt. Bei einem technisch versierten und erfahrenen Reiter mag das eventuell auch funktionieren, zumindest vorübergehend. Gegen diese Form der Gewöhnung spricht, dass sie nicht auf Vertrauen, sondern auf Zwang basiert, das Pferd unter Stress setzt und deshalb nicht zuverlässig wirkt. Zwar ‚funktioniert' das Pferd recht schnell, doch handelt es sich oft um ein trügerisches Funktionieren, das häufig zum gefährlichen Bumerang wird – entweder, wenn die Situation für das Pferd irgendwann zu viel wird, oder bereits wenn ein weniger erfahrener Reiter im Sattel Platz nimmt. Unterbinden ist aus diesem Grund eine zweifelhafte Aktion, selten eine langfristige Lösung.

ÜBERLAGERN

Neben der systematischen Desensibilisierung ist Gewöhnung durch Überlagern deshalb vor allem beim Reiten, aber auch im Umgang vom Boden aus, das nachhaltigste und somit sinnvollste Instrument. Wer hat seinen Reitlehrer nicht schon mal im Unterricht sagen hören „Wenn dein Pferd sich an der Tür da hinten verspannt, dann reite dort ein paar

Meter Schulterherein!“ Oder eine Volte, oder ein Schenkelweichen. Selbst das Antippen mit der Gerte (kein Schlagen!) als kleiner Hinweis in Sachen „Hallo, ich bin auch noch hier“ oder ein kurzer Impuls mit dem inneren Schenkel kann bereits helfen, die entstehende Unaufmerksamkeit des Pferdes in günstigere Bahnen zu lenken. Durch das Abfragen einer bekannten Übung oder durch eine gezielte Berührung gelingt es nämlich sehr oft, den Fokus des Pferdes und damit seine Konzentration wieder auf den Menschen respektive auf den Reiter zu lenken. Wichtig ist hier, wie bei so vielen Aktionen im Umgang mit dem Pferd, das richtige Timing. Der Reiter darf nicht warten, bis sich die Aufmerksamkeit des Pferd bereits zu hundert Prozent auf den Außenreiz gerichtet hat, sondern er muss bereits beim ersten Anzeichen agieren. Das Beobachten der Pferdeohren kann hier viel helfen. Pferde hören sehr gut, außerdem sind sie Bewegungsseher. Das, was wir am Horizont oder vor unseren Füßen noch gar nicht bemerkt haben, hat das Pferd vielleicht bereits auf dem Schirm. Und es richtet im Allgemeinen seine Ohren in diese Richtung, auf die es sich gerade ganz besonders konzentriert. Bewegt es seine Ohren unter dem Reiter mal ein wenig vor, dann wieder ein wenig zurück, ist dies ein Zeichen, dass es sich seiner Aufgabe und seinem Reiter widmet. Stellt es seine Ohren dagegen wie Antennen angespannt und über einen längeren Zeitraum nach vorn, dann hat es gerade etwas anderes im Blick. Im Falle eines Hindernisses in Parcours oder Gelände durchaus ein gutes Zeichen, im Falle eines Dressurtrainings oder einer entspannten Schrittrunde durchs Gelände eher ein Alarmsignal, bei dem der Reiter gut daran tut, diese Situation durch Überlagern sofort zu entschärfen. Ein erfahrener Reiter hat es meist im Gefühl, die Signale seines Pferdes blitzschnell einordnen zu können. Mit der entsprechenden Einwirkung kann er dann häufig verhindern, dass es zu kritischen Situationen kommt. Unerfahrene Reiter bemerken oft viel zu spät, dass ihr Pferd gedanklich auf Abwegen ist.

Pferde richten ihre Ohren stets in Richtung der vermeintlichen Gefahr.

Pferde lesen
— an der Körpersprache

Ein Reiter sollte lernen, sein Pferd auch vom Sattel aus zu beobachten und daraus seine Schlüsse zu ziehen. Denn ein Pferd kann schon durch seinen Körper ausdrücken, ob es sich wohlfühlt, verärgert oder gestresst ist.

01

Am einfachsten zu beobachten ist das Ohrenspiel des Pferdes, denn die Ohren befinden sich nun mal in direkter Sichtweite des Reiters. Legt das Pferd seine Ohren sehr häufig oder gar dauerhaft nach rückwärts an, ist das ein sicheres Zeichen von Unbehagen. Statt zu argwöhnen, dass der Vierbeiner wohl mal wieder schlechte Laune hat, sollte sich der Reiter lieber fragen, was er selbst gerade tut oder unterlässt, um diese Äußerung des Pferdes hervorzurufen. Mimikverhalten – und dazu gehört auch das Ohrenspiel – ist der Versuch des Pferdes, zu kommunizieren.
Auch über Augen, Nüstern und Lippen können sich Pferde ausdrücken, doch das lässt sich vom Sattel aus zwangsläufig kaum beobachten (vom Reitlehrer/Trainer natürlich sehr wohl). Umso wichtiger ist es, sich als Reiter über die Bedeutung des Ohrenspiels Gedanken zu machen. Stellt das Pferd seine Ohren beispielsweise wie eine ‚Antenne' starr nach vorn, ist dies ein Zeichen, dass es sich gerade auf etwas vor ihm konzentriert. Das kann kurz vor einem schwierigen Geländehindernis hilfreich sein, im Dressurviereck oder bei einem gemütlichen Ausritt jedoch zeigt es, dass das Pferd gerade mit seiner Aufmerksamkeit nicht beim Reiter ist. Statt nun abzuwarten, ob etwas und was passiert, sollte der Reiter sich sofort bemühen, die Aufmerksamkeit seines Pferdes wieder auf sich zu lenken. Das Abfragen einer kleinen Lektion (Volte, ein paar Meter Schulterherein, halbe Parade) kann reichen, ebenfalls das Berühren (nicht Schlagen!) mit der Gerte.
Als weiteres wichtiges Signal im Rahmen von Kommunikation kann der Schweif verstanden werden. Den eingeklemmten Schweif als Hinweis auf mangelnde Losgelassenheit wird man vom Sattel aus vielleicht nicht gleich bemerken, wohl aber den dauerhaft pinselnden, hörbar schlagenden Schweif. Er drückt ebenso wie die angelegten Ohren Unbehagen aus, verursacht vielleicht durch ärgerliche Insekten, durch zu viel Sporeneinsatz oder generell durch einen festgehaltenen und damit schmerzenden Rücken. Ein gelegentliches, eher ruhiges Schweifschlagen dagegen ist normal.
Merke: Ein zufriedenes Pferd zeigt ein entspanntes Ohrenspiel (mal vor, mal kurz zurück) und einen meist ruhig pendelnden Schweif. Sein Pferd ‚lesen' zu lernen, ist also enorm wichtig, um frühzeitig die eigenen Aktivitäten im Sattel in Frage stellen und verbessern zu können.

02

04

03

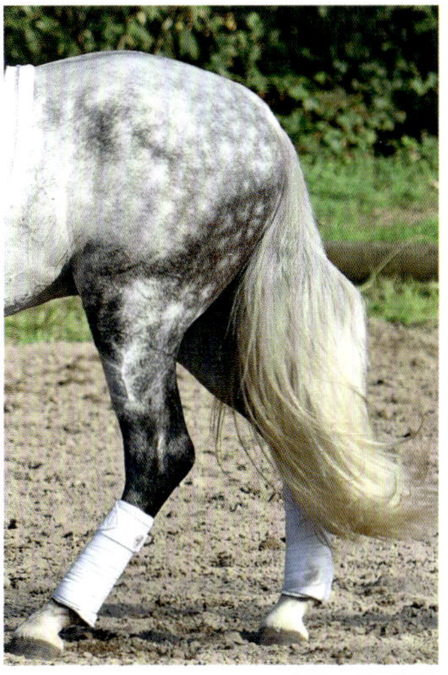

05

01 Dem Pferd steht das Unbehagen ins Gesicht geschrieben.

02 Geweitete Nüstern, geöffnete Lippen, deutlich unzufriedener Gesichtsausdruck

03 Ohren locker vorn, entspannte Mimik, dieses Pferd ist zufrieden.

04 Einen pinselnden Schweif kann der Reiter sogar hören.

05 Zeichen für Verspannung: eingeklemmter Schweif

KLASSISCHE KONDITIONIERUNG

Für das Erlernen der Reiterhilfen an sich nicht ganz so wichtig, aber trotzdem zur Begriffseinordnung hier kurz erklärt: die klassische Konditionierung. Hiervon wird in der Verhaltensforschung gesprochen, wenn es darum geht, einer natürlichen, sogenannten ‚unbedingten Reaktion' durch Lernen eine neue, ‚bedingte Reaktion' hinzuzufügen. Klingt, wie vieles in der Wissenschaft, ziemlich theoretisch. Der ein oder andere Leser mag es aber im Biologieunterricht mal gehört haben und sich daran erinnern – an den Pawlow'schen Hund. Der russische Mediziner und Physiologe Iwan Petrowitsch Pawlow (1849 – 1936) hatte zu Beginn des 20. Jahrhunderts Versuche mit Hunden durchgeführt, um zu beweisen, dass Verhalten auf Reflexen beruhen kann. In der Versuchsanordnung maß er zunächst den ansteigenden Speichelfluss von Hunden beim bloßen Anblick von Futter (unkonditionierte Reaktion). Anschließend ließ er – ohne Futteranblick – eine Glocke ertönen und maß dabei den Speichelfluss (kein vermehrter Speichelfluss = keine konditionierte Reaktion). Danach ließ er zu jedem Futteranblick eine Glocke ertönen und maß auch dabei den (ansteigenden) Speichelfluss (unkonditionierte Reaktion). Und am Ende seiner Versuchsreihe reichte auch ganz ohne Futter allein der Klang der Glocke bereits aus, um bei den Hunden einen ansteigenden Speichelfluss (konditionierte Reaktion) messen zu können. Aus dem neutralen Reiz Glocke war durch Verknüpfung ein konditionierter Reiz geworden – das Prinzip der Klassischen Konditionierung also erwiesen.

Letztlich erleben dieses Prinzip auch Pferdehalter im Umgang mit ihren Vierbeinern täglich. Allein das Klappern der Futterkarre reicht als erlernter Reiz bereits aus, eine Erwartungshaltung bei den Pferden zu verursachen und alle aufgeregt wiehern zu lassen. Oder der grüne Kittel des Tierarztes kann schon Auslöser für Vermeide- oder Fluchtverhalten sein, noch bevor sich der Arzt (mit der ‚bösen' Spritze in der Hand) überhaupt genähert hat. Auch hier lösen zuvor neutrale Auslösereize durch Lernen ein reflexartiges Verhalten aus.

Beispiel konditionierten Verhaltens durch das Klappern der Futterkarre

Futterbelohnung, kombiniert mit immer gleich lautendem Stimmlob, konditioniert das Pferd auf dieses Wort.

Wenn die reiterliche Hilfengebung im Wesentlichen auch auf anderen Prinzipien beruht, so gibt es doch im Umgang mit dem Pferd und beim Reiten sinnvolle und hilfreiche Konditionierungen. Stimmhilfen beispielsweise funktionieren nach dem Prinzip der klassischen Konditionierung. Dazu ist es nötig, zunächst immer erst die Stimmhilfe (Schnalzen, ‚brrrr' etc.) zu geben und dazu umgehend eine Einwirkung (Vortreiben, Parieren) zu setzen. Auf diese Weise kann der Reiter über die einsetzende Erwartungshaltung des Pferdes die gewünschte Reaktion hervorrufen, die später auch allein über die Stimmhilfe funktioniert. Selbst auf ein Stimmlob kann ein Pferd konditioniert werden, am besten bereits in der Arbeit vom Boden aus. Belohnt der Mensch zum Beispiel die korrekte Ausführung einer Übung mit einem ‚brav' oder ‚fein' und gibt dann umgehend eine Futterbelohnung (primärer Verstärker), so wird aus dem zuvor neutralen Stimmgeräusch ein konditionierter Reiz, der eine konditionierte Reaktion hervorruft. Das Stimmlob wird auf diese Weise zum sekundären Verstärker, der die gewünschte Reaktion des Pferdes unterstützt.

OPERANTE KONDITIONIERUNG

Der nächste große Feld im Rahmen der Lerntheorien ist das der „operanten Konditionierung", das Herzstück vor allem der Zügel- und Schenkelhilfen. Lernen funktioniert hier im Vergleich zur klassischen Konditionierung umgekehrt und über Versuch und Irrtum. Erst ein bestimmtes Verhalten des Pferdes löst einen

In der Westentasche nach Futter zu suchen, mag süß erscheinen, sollte dem Pferd aber gar nicht erst beigebracht werden.

Reiz beziehungsweise einen Mechanismus aus, wobei das Pferd diesen Reiz/Mechanismus selbst verursacht und nach einer Weile einen Zusammenhang zwischen seinem Verhalten und dem Ergebnis herstellen kann – vorausgesetzt, die Verstärkung dieses Mechanismus erfolgt. Diese Verstärkung kann über Hinzugabe einer Belohnung oder durch Wegnehmen einer Einwirkung erfolgen, wissenschaftlich spricht man hier von „positiver Verstärkung" und von „negativer Verstärkung". Dabei ist in diesem Zusammenhang positiv und negativ keine Wertung, positiv steht vielmehr für „Hinzufügen", negativ für „Wegnehmen/Entfernen".

Operante Konditionierung vollzieht sich dabei nicht nur im Zusammenhang mit dem Reiten, sondern in allem, was ein Pferd aus

Fellkraulen geht auch vom Sattel aus.

Loben heißt tätscheln, nicht schlagen.

Neugier ausprobiert. Das zum Beispiel von vielen als so „süß" in der Jackentasche nach einem Leckerli suchende Pferd lernt mit der Zeit, wenn es denn dort fündig und somit verstärkt wird, was es tun muss, um an diese Leckerei heranzukommen. Verstärkung bezeichnet die Erhöhung einer Wahrscheinlichkeit für ein bestimmtes Verhalten. Das Erreichen des Ziels und das Erlangen des Futters wäre hier also positive Verstärkung und fördert dieses Verhalten. Dumm nur, wenn der Reiter mal in frisch gebügelter Ausgehkleidung sein Pferd besucht und es dann auf einmal sein erlerntes Verhalten nicht zeigen soll. Oder wenn es nicht schnell genug an seine Belohnung herankommt und seiner Suche in der Tasche mit seinen Zähnen Nachdruck verleiht. Ein „Nein, das darfst du heute nicht" oder „sei nicht so grob" versteht das Pferd nicht. Besser wäre es hier allemal, sich bereits im Vorfeld darüber Gedanken zu machen, was ein Pferd lernen soll und was nicht. Ausnahmen – ‚heute darfst du das, morgen aber nicht' – können Tiere nicht begreifen.

POSITIVE VERSTÄRKUNG

Nun wünschen sich viele Menschen, dass sie auch in der reiterlichen Ausbildung ihr Pferd nur ‚positiv verstärken' möchten. Das jedoch ist nur bedingt möglich. Positiv verstärkt wird via Belohnung und als solche gilt letztlich nur die Befriedigung echter Bedürfnisse. Futter ist ein solches Bedürfnis und auch Sozialkontakt bzw. soziale Zuwendung wie Fellkraulen. Im täglichen Umgang und bei der Bodenarbeit ist dies im Allgemeinen möglich, denn hier ist der Mensch nah am Pferd und kann eine erwünschte Reaktion des Pferdes direkt auf diese Weise belohnen. Vor allem die Gabe von Futter muss aber perfekt getimed sein. Gibt er das Futter nämlich im falschen Moment, kann das Pferd die Verknüpfung mit der gemeinten Aufgabe nicht herstellen. Möglicherweise verstärkt die Belohnung ein ganz anderes Verhalten, vielleicht sogar ein ungeduldiges Betteln des Pferdes. Nicht ganz so zeitkritisch ist hier Lob durch Sozialkontakt. Allerdings bringt es dem Pferd wenig, wenn man laut klatschend auf den Pferdehals schlägt. Stattdessen ist ein Streicheln und Kratzen, das dem Fellkraulen nahekommt, viel angebrachter. Fellkraulen entspricht dem natürlichen Sozialverhalten des Pferdes. In Studien wurde sogar nachgewiesen, dass sich die Herzfrequenz bei Pferden während des Fellkraulens leicht absenkt. Es hat also tatsächlich eine beruhigende und entspannende Wirkung. Auch der Einsatz der Stimme kann als Lob verstanden werden, vorausgesetzt, das Stimmlob wurde zuvor als sekundärer Verstärker konditioniert und etabliert.

VERWIRRSPIEL POSITIV/NEGATIV

Positiv und negativ, damit verbinden die meisten von uns etwas Positives, also Schönes und Angenehmes, oder aber etwas Negatives, also Schlechtes und Unangenehmes. Nicht so in der Wissenschaft. Ein „positiver Befund" beispielsweise in der Medizin heißt nicht, dass sich der Patient freuen kann, sondern dass die vorherige Verdachtsdiagnose zutrifft. Häufig ist das eine schlechte Nachricht. Ist ein Schwangerschaftstest positiv und ein Baby unterwegs, ist das für die meisten Menschen ein freudiges und hier tatsächlich positives Ergebnis, in manchen Fällen wird es dagegen eher mit Entsetzen, also negativ, aufgenommen. Für einen negativen Schwangerschaftstest und ‚kein Baby' gilt übrigens das Gleiche.
Um die Verwirrung komplett zu machen, benutzt die Verhaltensforschung die beiden Begriffe noch ein wenig anders. Hier steht ‚positiv' für ‚etwas hinzufügen' und negativ für ‚etwas wegnehmen'. Wenn von positiver und negativer Verstärkung oder von positiver und negativer Strafe die Rede ist, hat das also nichts mit nett oder weniger nett zu tun!

Richtig gemacht

— Belohnung, Verstärkung, Stimmhilfe

Eine Verhaltensänderung, also Lernen, kann durch unterschiedliche Belobigungsmechanismen hervorgerufen und manifestiert (verstärkt) werden. Die Inhalte der Begriffe sind ein wenig unterschiedlich.

Von Belohnung spricht man, verhaltenswissenschaftlich gesehen, wenn auf das gewünschte Verhalten des Pferdes mit der Erfüllung eines echten Bedürfnisses (Futter, Sozialkontakt) geantwortet wird. Verstärkung kann, wie oben beschrieben, mit Belohnung kombiniert sein (positive Verstärkung), oder aber durch das Wegnehmen einer Einwirkung (negative Verstärkung).

Ein Stimmlob/-kommando wird vom Pferd erst als Verstärkung eingeordnet, wenn es zuvor konditioniert, also verknüpft und etabliert wurde. Ist es das nicht, hat es eine eher neutrale Bedeutung. Das gilt für ein aufforderndes Schnalzen ebenso wie für ein lobendes Wort. Um der menschliche Stimme zum Beispiel im Sinne einer Aufforderung Bedeutung zu verschaffen, ist es wichtig, das entsprechende Geräusch nur für die gewünschte Aktion zu verwenden und sie über Aktionen positiver oder negativer Verstärkung einzurichten. So wird anfangs zum Beispiel ein Schnalzgeräusch immer kurz vor eine treibende Schenkel- und/oder Gertenhilfe gesetzt. Das Pferd lernt, das Schnalzgeräusch mit der Aufforderung ‚mehr Vorwärts‘ zu verbinden, und wird dann auch auf das Schnalzen allein reagieren. Nutzt man die Stimme zum Loben, muss auch hier – gern bereits in der Bodenarbeit – zunächst eine Verknüpfung mit etwas Angenehmem hergestellt werden. Ein „Super“, „Brav“ oder „Fein“ in Verbindung mit einer Belohnung fördert beim Pferd das Verstehen, etwas Gewünschtes gemacht zu haben. Auch hier genügt nach einer Weile allein das Wort. Damit sich die Stimmeinwirkungen aber nicht abnutzen, sollten sie nicht zu oft gesetzt werden, sonst droht auch hier Desensibiliserung. Wichtig ist auch die hörbare Unterscheidung. Ein „Fein“ als Bestätigung liegt schnell zu nah am „Nein“ und kann verwechselt werden. Viele Tiere, darunter auch Pferde, haben auch ein sensibles Gespür für schwankende Stimmungen innerhalb der menschlichen Stimme. Ist der Reiter selbst nervös und aufgeregt, kann ein „ruhig, ruhig“ manchmal mehr schaden als nutzen, denn die Aufregung des Menschen überträgt sich nicht nur über seine Körperspannung, sondern auch über den Tonus seiner Stimme.

Mit der Stimme lässt sich viel erreichen und unterstützen – im Dressurviereck eines Turniers hat sie allerdings nichts zu suchen. Dort geben Stimmhilfen Abzug, denn hier sollen nur die Reiterhilfen für eine ungestörte Kommunikation sorgen.

01

03

02

01 Erst Steigen auf Kommando, …

02 … dann Kompliment

03 Und anschließend eine Belohnung

Positiv verstärkt wird so nicht die zuvor gerittene Lektion, sondern das Stehen des Pferdes und Wenden des Kopfes.

NEGATIVE VERSTÄRKUNG

Leckerligabe, Fellkraulen, Stimmlob – beim Reiten und vor allem bei der Hilfengebung geht das mit der positiven Verstärkung natürlich nicht so ohne Weiteres. Warum? Weil ein richtiges und passendes Timing einfach unmöglich ist. Reagiert das Pferd zum Beispiel auf den seitwärtstreibenden Schenkel wie gewünscht, kann man sich ja nicht bei jedem Schritt in die richtige Richtung vorbeugen und dem Pferd ein Leckerli geben. Und man kann auch nicht jeden einfachen oder fliegenden Wechsel mit Futter oder Fellkraulen belohnen. Und am Ende der Lektion? Anhalten, Leckerli hervorkramen, vorbeugen und Futterbelohnung geben? Oder an Hals und Kruppe kratzen? Auch das würde ein vernünftiges und zielgerichtetes Training verhindern. Hinzu

„Der Abrichter muss zunächst auf die Sinne des Pferdes einzuwirken trachten, Lustgefühle erregen und sich dann das hochentwickelte Gedächtnis des Pferdes zunutze machen, um Ideenverbindungen zu schaffen, die in seinem Gehirn direkte Zusammenhänge zwischen einer großen Annehmlichkeit und einer bedeutend kleineren Unannehmlichkeit herstellen."

(Waldemar Seunig, 1887–1976)

kommt, dass es unmöglich ist, die Belohnung im richtigen Moment zu geben. Statt eine Seitwärtsbewegung, einen Seitengang oder einen Galoppwechsel würde der Reiter eher das Anhalten des Pferdes und dessen Kopfwenden belohnen und verstärken, nicht die Lektion und die Umsetzung der dabei eingesetzten Hilfen. Und jedes korrekte Reagieren auf eine Zügel- oder Schenkelhilfe mit einem Stimmlob begleiten? Das würde vermutlich auch im Dauergeplapper des Reiters und in einer Stimm-Desensibilisierung des Pferdes enden. Hier greift stattdessen nun etwas, was sich ‚negative Verstärkung' nennt. Negativ, wir erinnern uns, heißt in diesem Zusammenhang nicht, dass es schlecht ist, sondern dass etwas weggenommen wird. Weggenommen, bzw. kurz ausgesetzt wird der Druck, den der Reiter über seine Hilfen auf das Pferd ausübt und zwar genau in dem Moment, in dem das Pferd wie gewünscht auf diesen Druck reagiert. Das gilt in erster Linie für die Zügel- und die Schenkelhilfen, weniger für die Gewichtshilfen. Letztere sind immer da, da der Reiter ja auf dem Pferderücken sitzt, und basieren eher auf biomechanischen und physikalischen Zusammenhängen. Der kann mal ein wenig tiefer oder ein wenig leichter oder mehr nach innen oder außen sitzen, wegnehmen kann er sein Gewicht aber nicht.

Das Wort „Druck" hat für manche Reiter einen unangenehmen Beigeschmack, klingt es doch nach Zwang und Grobheit. Das ist aber natürlich nicht gemeint. Druck kann sich zwar im Kilogrammbereich abspielen, aber auch im Grammbereich. Er kann über einige Momente aufrechtgehalten werden oder als kurzer Sekunden-Impuls wirken. Wenn beim Reiten von Druckerhöhung oder Druckverminderung gesprochen wird, ist letztlich die Einwirkung gemeint, die der Reiter setzt. Sie kann, je nach Anforderung und gewünschtem Ergebnis, in Art, Intensität und Dauer variieren. Das Ziel ist immer, dass diese reiterliche Einwirkung so optimiert wird, dass eine immer feinere und unsichtbare Hilfengebung möglich wird. Voraussetzung dafür: Das Pferd muss verstehen, wie es reagieren muss, damit die Druckerhöhung möglichst gegen Null geht.

Ob ein Pferd begreift, was es tun muss, hängt also nicht davon ab, dass der Reiter möglichst viel Druck ausübt, sondern dass er gerade so viel einwirkt wie nötig, so wenig wie möglich und dass auf die gewünschte Reaktion des Pferds umgehend ein kurzes Aussetzen der Hilfe folgt. Für die Zügelhilfe heißt das: Auf jedes Annehmen folgt ein Nachgeben; für die Schenkelhilfe: Auf jede treibende Druckerhöhung folgt ein Moment des sich wieder lösenden Schenkels. Annehmen-Nachgeben statt Ziehen oder starr Einspannen, federnder Schenkel statt quetschendem Bein.

ALLES OHNE DRUCK?

Wenn von Druckerhöhung die Rede ist, zucken manche Reiter schon zurück und betonen, sie wollten ihr Pferd nicht unter Druck setzen. Dabei hat das eine mit dem anderen nichts zu tun. Jemanden ‚unter Druck zu setzen' heißt, ihn zu bedrängen, zu traktieren. ‚Druck' dagegen ist zunächst einmal nichts anderes als eine physikalische Größe und beschreibt das Ergebnis einer senkrecht auf eine Fläche wirkenden Kraft. Diese Kraft kann enorm groß sein, oder aber winzig klein. Selbst eine Fliege übt bei ihrer Landung auf dem Pferd einen gewissen Druck aus, der über Hautrezeptoren gespürt wird. Wenn beim Reiten von Zügel- und Schenkeldruck, von Druckerhöhung und Druckvariation die Rede ist, dann geht es um den physikalischen Druck, der, wenn der Reiter es richtig macht, so gering wie möglich ausfallen soll und sich durch das Lernen und Begreifen des Pferdes (und durch das Lernen des Reiters) immer mehr reduzieren lässt, bis hin zu feinen und feinsten Hilfen.

LERNEN DURCH NACHAHMUNG

Neben den beschriebenen Lern-Möglichkeiten lernen Pferde auch durch Nachahmung. Auch wenn dies bei der Hilfengebung selbst und dem Lektionen-Lernen eher eine untergeordnete Rolle spielt (sonst könnte ein Pferd allein schon durch Zuschauen zum Grand-Prix-Pferd werden), kann man sich dieses natürliche Verhalten doch zu Nutze machen. Gerade in den absoluten Anfängen eines Pferdes auf seinem Weg zum Reitpferd, also beim Anreiten, hat der Youngster ja noch überhaupt keine Ahnung, was ein Schenkelimpuls oder eine Zügeleinwirkung überhaupt sein soll. Da sich Pferde als soziale Wesen und Herdentiere an Artgenossen orientieren, hilft es, in dieser Phase ein erfahrenes, ruhiges Reitpferd mit in die Bahn zu holen. Es gibt dem jungen Pferd zum einen allein durch seine Anwesenheit Sicherheit, zum anderen kann es als Führpferd eingesetzt werden. Anreiten, sich weiter bewegen, die Hand wechseln – nur zu gerne ahmen unerfahrene Pferde die Aktionen des älteren nach, allein deshalb schon, um in seiner Nähe bleiben zu können. Steht kein Führpferd zur Verfügung, kann es bereits helfen, das junge Pferd – das hoffentlich bereits durch Bodenarbeit vorbereitet und sich sicher an der Hand eines Menschen führen lässt – von einem Helfer anführen und wieder anhalten zu lassen, während der Reiter im Sattel die entsprechenden Hilfen gibt. Hierbei soll das Pferd die Zeit bekommen, die es braucht, um einen Zusammenhang zwischen dem ansteigenden Schenkel- oder Zügeldruck, also den Grundzügen der Reiterhilfen, und seinen Aktionen zu erkennen. Auch hier wieder immens wichtig: Sobald das Pferd ‚richtig' reagiert, den Druck gemäß dem Prinzip der negativen Verstärkung sofort wieder wegnehmen!

Die bunten Stangen sind dem Youngster noch unheimlich, aber er folgt dem erfahrenen Pferd.

Nach einer Weile klappt es auch allein über eine Stangenreihe. Das Pferd hat gelernt.

VERHALTENSFORMUNG

Ein weiterer wichtiger Begriff innerhalb der Verhaltensforschung und den Untersuchungen zum Lernen ist der Begriff der Verhaltensformung. Wie das Wort schon ahnen lässt, kann man das Verhalten eines Pferdes im Laufe des Lernprozesses formen. Grundlage dafür ist, dass bereits der kleinste Schritt beziehungsweise die kleinste Reaktion in die gewünschte Richtung belohnt oder verstärkt wird. Kommt diese ‚richtige' Reaktion nicht, ist es sinnvoll, dem Pferd die Zeit zu lassen, durch Versuch und Irrtum herausfinden zu können, was der Reiter gerade möchte.
Der intelligente und erfahrene Reiter wird dabei Versuche in die falsche Richtung ignorieren, abwarten oder neu beginnen, Versuche des Pferdes in die richtige Richtung aber umgehend verstärken, sprich kurz abbrechen und, wenn praktizierbar, auch belohnen. Nach und nach lernt das Pferd so, zunächst eine Idee davon zu bekommen, was es tun soll. Im nächsten Schritt würde die prompte Reaktion in die gewünschte Richtung belohnt, dann das Beibehalten der geforderten Aufgabe, also die Kontinuität, erst dann würde der erfahrene Reiter auch auf das Einhalten der gewünschten Form, also der Körperhaltung des Pferdes (in sicherer Anlehnung durchs Genick), achten und diese belohnen und schließlich die Abrufbarkeit der Übung an unterschiedlichen Orten und in unterschiedlichen Situationen. Letztere können nämlich bereits wieder Auswirkungen haben, da fremde Umweltreize bereits als Störfaktoren wirken können. Je nach Temperament des Pferdes fallen diese Störfaktoren mehr oder weniger ins Gewicht und können Fehler in der Ausführung zur Folge haben. Strafe hilft hier allerdings wenig, stattdessen kontinuierliches Weiterarbeiten und die systematische Gewöhnung an neue, unbekannte Orte.

☞ VERHALTENSFORMUNG – EIN BEISPIEL

01 Die Heranführung geschieht Schritt für Schritt.

02 Erst mit der Peitsche abstreichen, dann loben

03 Angstfreiheit ist der Schlüssel zu neuen Lektionen.

04 Nach wenigen gelungenen Tritten ...

05 ... wird erst wieder gelobt. Gut zu sehen: Die Ohren zeigen Konzentration, die Augen noch leichte Unsicherheit.

Pferde gehen mitunter mit ihren Spielkameraden oder Herdenkumpels nicht gerade zimperlich um.

APROPOS STRAFE

Auch wenn es um das Thema Strafe und ihre Wirkung geht, gibt uns die Wissenschaft Antworten und Anregungen. Entsprechend dem Prinzip der Verstärkung wird in diesem Zusammenhang ebenfalls von positiver und negativer Strafe gesprochen. Positiv heißt aber nicht, dass diese Strafe netter ist als die negative. Es heißt vielmehr, dass – ähnlich der positiven und negativen Verstärkung – etwas hinzugefügt (positive Strafe) oder aber weggenommen/entfernt (negative Strafe) wird.

POSITIVE STRAFE

Eine positive Strafe wäre zum Beispiel ein Schlag, den man dem Pferd verpasst. Das hört sich schlimm an, kann aber in manchen Situationen durchaus angebracht sein, zum Beispiel, wenn das Pferd den Menschen beißt. Hier wäre die einzig richtige Antwort eine sofortige positive Bestrafung durch einen Schlag mit Hand oder Gerte. Sofort, damit das Pferd die Verknüpfung zwischen seiner (unerwünschten) Handlung und der Reaktion seines Gegenübers herstellen kann. Es bringt überhaupt nichts, und würde vom Pferd auch nicht verstanden, wenn diese Bestrafung zu spät käme, vielleicht erst in dem Moment, wenn der Mensch sieht, dass der Biss einen blauen Fleck verursacht oder die Jacke beschädigt hat oder er erst eine Gerte holen muss, um das Pferd zu strafen. Die positive Strafe muss, ebenso wie die positive Verstärkung, sofort auf die Aktion des Pferdes – in diesem Fall die unerwünschte Handlung – erfolgen. Pferde untereinander agieren übrigens auch so: Fühlt sich das eine Pferd durch das andere bedrängt oder gar bedroht, wird es ihm klipp und klar mit einem massiven Biss oder Tritt klarmachen: Ich möchte das nicht! Das bedrängende Pferd wird diese Reaktion verstehen, daraus lernen und künftig weniger lästig oder bedrohend sein. Nur ganz begriffsstutzige Vertreter ihrer Spezies müssen die Abwehrerfahrung vermutlich mehrfach machen, bevor sie ihr Verhalten ändern.

NEGATIVE STRAFE

Eine typische Situation, die am besten mit einer negativen Strafe beantwortet werden sollte, ist forderndes Betteln. Man kennt das: Das Pferd steht in der Box, am Weidetor oder am Sattelplatz und fängt beim Anblick (s)eines Menschen an, zu scharren. Viele gehen hin und geben dem Pferd eine Leckerei, was eine positive Verstärkung bedeutet und das Pferd immer weiter darin bestätigt, beim Anblick eines Menschen zu scharren. Andere gehen hin und schimpfen oder versetzen dem Pferd einen Klaps, verbunden mit einem „lass das". Dies jedoch ist ebenfalls positive Verstärkung, nicht mittels Futtergabe, aber mittels sozialer Zuwendung. Wir erinnern uns: Auch Sozialkontakt ist ein angeborenes Grundbedürfnis des Pferdes und wirkt als Lob. Im Sinne einer negativen Strafe bringt es bei einer solchen Unart also viel mehr, sich schweigend abzuwenden und wegzugehen, das Pferd also links liegen zu lassen und ihm so jedwede Aufmerksamkeit zu entziehen. Diese Strafe wirkt durch Wegnehmen/Entfernen.

STRAFEN BEIM REITEN

Wie ist es aber beim Reiten? Strafen oder nicht strafen, das ist für viele Reiter die Frage. Dabei muss man sich immer selbst die Frage stellen: Wofür straft man und wann ist Strafe sinnvoll?
Gestraft wird im Allgemeinen für unerwünschtes Verhalten im Umgang. Ist eine falsch verstandene Reiterhilfe oder eine fehlerhafte Lektion aber Umgangsverhalten? Nein. Verhalten ist zunächst einmal die Reaktion des Pferdes auf seine Umwelt (natürliches Verhalten) und auf die Einwirkung des Reiters. So wie es keinen Sinn macht, natürliches Verhalten, auch wenn es nicht im

Dieser Tritt im Sinne einer positiven Bestrafung sagt klar „lass mich in Ruhe".

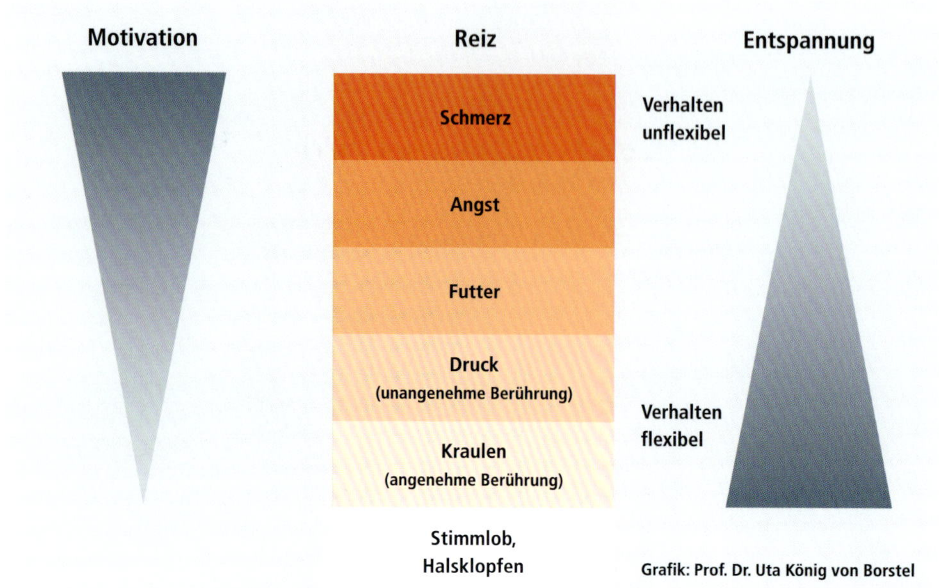

Die Wirkung von Reizen wie Schmerz oder Lob auf das Lernverhalten

Sinne des Reiters ist, zu bestrafen, so macht es auch keinen Sinn, einen vermeintlichen Fehler beim Reiten zu bestrafen. Die Reaktion des Pferdes ist nämlich immer eine Verhaltensantwort auf die Hilfengebung des Reiters. Senkt ein Pferd auf das Herantreiben an die Reiterhand seinen Hals nicht und kommt nicht durchs Genick, ist das kein Fehler des Pferdes, sondern ein Fehler im reiterlichen System. Die Hilfengebung stimmt nicht oder das Pferd hat sie noch nicht verstanden. Bestrafen (für sein eigenes Unvermögen) müsste sich also eher der Reiter selbst.

Wissenschaftliche Forschungen haben sich ebenfalls mit der Frage nach Sinn und Unsinn von Strafe hinsichtlich der Auswirkungen auf das Lernverhalten beschäftigt. Es gibt zu diesem Thema eine sehr anschauliche Grafik der Verhaltenswissenschaftlerin und Professorin Dr. Uta König von Borstel. Auf der linken Seite der Grafik (siehe Grafik 1) steht ein Dreieck auf der Spitze, das den Grad der Motivation zeigt. Ganz oben breit und dunkel steht für ‚hohe Motivation', ganz unten auf der Spitze und nur noch zartfarbig für geringe Motivation. Auf der rechten Seite steht das Dreieck andersherum, unten breit und dunkel, oben spitz und hell, und stellt den Grad der Entspannung dar.

Dazwischen sind in unterschiedlichen Farben diverse Reize dargestellt, ganz oben und sehr negativ besetzt (hier tatsächlich wertend) Schmerz, ganz unten Stimmlob (nicht als sekundärer Verstärker etabliert) und Halsklopfen (beides eher neutral).

Übersetzt heißt dies: Die Motivation, etwas zu tun, ist beim Erleiden von Schmerz am höchsten. Grünes Licht also für alle, die ihre Pferde schlagen und drangsalieren wollen? Natürlich nicht! Schmerz motiviert extrem, aber er führt auch dazu, dass das Verhalten, das gezeigt wird, absolut unflexibel ist. Wer Schmerz erleidet, wird hoch motiviert sein, diesem Schmerz zu entgehen. An etwas anderes, wie zum Beispiel an das Lösen oder gar das Erlernen irgendwelcher Aufgaben, wird er dabei nicht denken. Man kann sich einfach mal vorstellen, die Hand auf eine heiße Herdplatte zu legen. Was passiert? Man verbrennt sich schmerzhaft und wird hoch motiviert sein, die Hand sofort von der Platte wegzuziehen. Die Aufforderung, stattdessen ein Gedicht

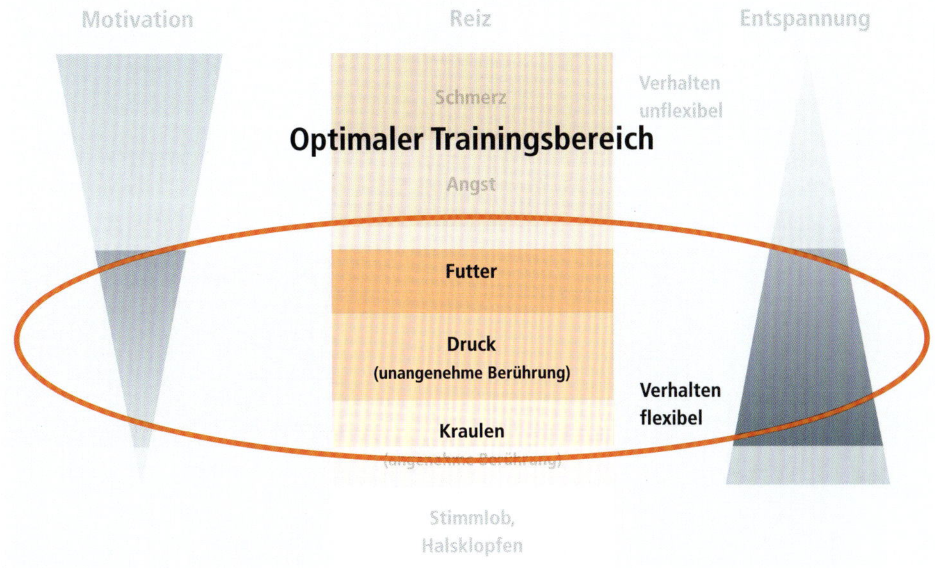

In dem eingekreisten Bereich lassen sich die besten Trainingsergebnisse erreichen.

auswendig zu lernen oder eine Mathematikaufgabe zu lösen, wird nicht zu erfüllen sein. Das Gleiche gilt, wenn jemand anderes meine Hand packt und auf die heiße Herdplatte drücken will. Allein die Angst vor dem zu erwartenden Schmerz würde mir Gedicht und Mathe-Aufgabe unmöglich machen, aber mich sehr zur Gegenwehr motivieren. Anders herum ist Verhalten (und somit auch Verhaltensänderung) bei totaler Entspannung theoretisch sehr flexibel möglich. Im Liegestuhl die Sonne genießend, ein leckeres Kaltgetränk in der einen Hand, in der anderen ein gutes Buch – die beste Situation für besagtes Gedichtelernen oder Mathe-Lösen. Wirklich? Vermutlich haben die meisten aber genau dann keine Lust zum Arbeiten und Lernen, die Motivation fehlt. Nur Entspannung ist folglich auch keine Lösung, wenn es um Lernen und Trainieren geht – weder beim Menschen, noch beim Tier respektive beim Pferd.

Es ist vielmehr der mittlere Bereich (siehe Grafik 2) mit Dingen wie Futter, Druck und Kraulen (die Bedeutungs-Reihenfolge kann hier variieren, beim Menschen wäre es vermutlich entsprechend Bezahlung/Erfolg, Druck/Pflichtbewusstsein und Anerkennung), der zu den besten Ergebnissen in der Arbeit mit dem Pferd führt. Wer es schafft, möglichst in diesem Bereich zu trainieren, wird ein motiviertes Pferd haben, dessen Verhalten flexibel und damit form- und veränderbar bleibt und das auf diese Weise auch lernen kann. Kommunikation und Verständigung statt Kampf und Krampf.

Schmerz verursachende, körperliche Züchtigung des Pferdes beim Reiten, angstauslösende Einwirkungen und Überforderungen sind also nicht nur unter ethischen und rechtlichen Gesichtspunkten (§ 1 des Deutschen Tierschutzgesetzes besagt: „Niemand darf einem Tier ohne vernünftigen Grund Schmerzen, Leiden oder Schäden zufügen.") abzulehnen, sie bringen auch nicht den erwünschten Erfolg. Mit der Gerte schlagen, an den Zügeln reißen oder dem Pferd mit den Sporen in den Bauch boxen, weil etwas nicht klappt, wie man es sich als Reiter vorstellt, bringt keinerlei Lernvorteile. Wer seinem Pferd, egal ob im Training oder bei sonstigen Aktivitäten, Schmerz zufügt oder es in Angst versetzt, outet sich damit lediglich als brutaler Dummkopf!

REITERLICHE HILFEN

— *aus lerntheoretischer Sicht*

PRINZIPIEN DER HILFEN

Damit ein Pferd seinen Reiter überhaupt versteht, muss dieser seine Hilfen vom Sattel aus korrekt, klar und unmissverständlich geben. Wenn es Probleme gibt, ist es immer die Folge fehlerhafter reiterlicher Einwirkung.

Bezüglich der reiterlichen Hilfen sind es vor allem die Zügel- und Schenkelhilfen, die mittels negativer Verstärkung direkt auf das Lernverhalten von Pferden Einfluss nehmen und nehmen können. Die Gewichtshilfen stehen hier ein wenig außerhalb, denn die lernfördernde Rückmeldung des Aussetzens eines Drucks/eines Reizes ist hier so gut wie nicht möglich. Das Reitergewicht ist immer da, solange der Reiter im Sattel sitzt. Er kann damit zwar spielen, es von der einen zur anderen Seite hin verlagern und es variieren, mal entlastender, mal tiefer und quasi schwerer im Pferd sitzen, aber wegnehmen kann er sein Gewicht nicht. Anders bei den Zügel- und Schenkelhilfen. Mit ihnen wird über Druckvariationen bis hin zum Wegnehmen des Drucks gearbeitet. Allerdings müssen diese Hilfen einige Kriterien erfüllen, damit sie beim Pferd auch Verständnis hervorrufen.

Harmonisches Miteinander, wie hier gezeigt, sollte das Ziel jedes Reitens sein.

HILFEN/EINWIRKUNGEN …

1. … müssen genau (gesetzt, dosiert) sein und dürfen nicht interpretierbar sein, sonst drohen Missverständnisse und Desensibilierung.

2. … müssen im richtigen Moment gegeben/ausgesetzt werden, sonst droht Desensibilisierung.

3. … müssen eine Verhaltensantwort, eine Reaktion, nach sich ziehen, sonst droht Desensibilisierung.

4. … müssen exklusiv eingesetzt werden, das heißt, eine bestimmte Verhaltensantwort (Reaktion!) hervorrufen wollen und sich dabei nicht widersprechen, sonst droht Verunsicherung, Nervosität, Resignation.

5. … sollten eine erwünschte Verhaltensantwort schrittweise belohnen und verstärken (Stichwort Verhaltensformung).

6. … müssen aussetzbar sein und trotzdem wirken, sonst droht Triebigkeit bzw. Undurchlässigkeit.

7. … dürfen nicht mit Angst belegt sein, sonst droht unflexibles Verhalten und damit ausbleibender Lernerfolg.

1. GENAUIGKEIT

Pferde brauchen klare Ansagen. Sie sind, zumindest nach dem derzeitigen Stand der Wissenschaft, nicht oder kaum in der Lage, uneindeutige Hilfen in die gewünschte Richtung hin zu interpretieren. ‚Mein Pferd ist so intelligent, das weiß immer, was ich meine', hört man Pferdebesitzer immer wieder sagen. Doch mit dieser vermenschlichenden Annahme überfordern sie letztlich ihren Vierbeiner. Ein Beispiel: Betrachten wir das Bild einer realistisch gemalten Blumenwiese mit einem beinahe wie fotografiert wirkenden Baum oder Berg, sehen wir alle, ganz klar, eine Blumenwiese mit Baum und Berg. Betrachten wir dasselbe Thema in einer abstrakten oder kubistischen Darstellung, sieht jeder zunächst etwas anderes und tastet sich an die Frage heran: Was sehe ich hier und was kann der Künstler damit gemeint haben. Das menschliche Gehirn kann diese Fragen stellen und über gedankliche Arbeit zu einem Schluss, zu einer Interpretation kommen, das tierische Gehirn kann dies in dieser Form nicht. Schon allein aus diesem Grunde ist es wichtig, Reiterhilfen immer ganz klar und konsequent hinsichtlich Ausführung und Dosierung zu setzen – aus Rücksicht auf das Pferd. Dabei darf Konsequenz nicht mit Grobheit verwechselt werden. Vielmehr heißt Konsequenz faire, stimmige und überzeugende Eindeutigkeit.

Realistisch dargestellte Blumenwiese

Abstrakte Darstellung des gleichen Motivs

Gut oder sogar perfekt abgestimmte Hilfen ermöglichen das Reiten schwieriger Lektionen.

2. TIMING

Der zeitlich passende Ablauf zwischen Reiterhilfe und Aktion/Reaktion des Pferdes, also das Timing, ist im Rahmen der reiterlichen Einwirkung von größter Bedeutung und entscheidet maßgeblich mit darüber, ob ein Pferd das lernt, was der Reiter möchte, oder ob es Dinge lernt, die eigentlich nicht gewünscht sind. Als Reiter muss man sich immer vor Augen führen, dass das Aussetzen einer Einwirkung/Druckerhöhung – bei Zügelhilfen das Nachgeben, bei Schenkelhilfen das Lockern des Schenkels – die Rückmeldung für das Pferd ist, dass es etwas gemacht hat, das erwünscht war. Diese Rückmeldung im Sinne der negativen Verstärkung macht mit der Zeit das gewünschte Verhalten (z. B. das Vorwärtsgehen, Seitwärtsgehen, Abkauen, Beizäumung) nach und nach immer wahrscheinlicher und damit besser und auch mit geringerem Aufwand abrufbar. Das Ausbleiben dieser Rückmeldung oder das Aussetzen der Einwirkung im falschen Moment

„Bitte, bitte Schatz, würdest du vielleicht …?" bringt Pferd und Reiter nicht weiter.

bewirkt das Gegenteil und desensiblisiert ein Pferd mit der Zeit oder verursacht das Lernen von ‚falschen' Dingen. Dieses Prinzip gilt übrigens für den gesamten Umgang mit dem Pferd und nicht nur für das Reiten bzw. Trainieren. Schnell heißt es dann, das Pferd sei zäh, triebig oder stur. Dabei hat der Reiter es selbst dahin gebracht. Die Zeitspanne zwischen erwünschter Reaktion des Pferdes und Rückmeldung muss deshalb im Sekundenbereich liegen, besser noch im Sekundenbruchteil-Bereich.

3. VERHALTENSANTWORT

Wenn der Reiter eine Hilfe gibt, muss er eine möglichst umgehende Reaktion spüren, also eine Verhaltensantwort vom Pferd bekommen. Eine Hilfe ist eine Anweisung, keine Einladung zu Diskussion oder Fragerunde. Lässt sich der Reiter aus falsch verstandener Pferdeliebe auf Letzteres ein, fördert er über die vielen freundlich gemeinten, aber falschen ‚Bitte-bitte-machst-du-das-jetzt-vielleicht?'-Häppchen auch hier lediglich Desensibilisierung. Ein bisschen Rumzuppeln mit den Zügeln, ein zartes aber dauerndes Geklopfe mit den Schenkeln oder der Gerte mag vielleicht gut gemeint sein, ist aber für ein Pferd nicht eindeutig zuzuordnen, mit dem Ergebnis, dass es irgendwann darauf überhaupt nicht mehr reagiert. Der Reiter bringt seinem Pferd also systematisch bei, nicht mehr auf die Reiterhilfe zu reagieren. Besser, wirksamer und für das Lernen des Pferdes viel hilfreicher wäre es, statt auf Addition von vielen kleinen Hilfen nur auf zwei Hilfen zu setzen: eine ‚normale, freundliche' und, kommt keine Reaktion, eine Zweite, die in ihrer Intensität jedoch deutlich höher liegt (siehe Abb.). Das gilt vor allem für die Schenkelhilfen und den Einsatz der Gerte. Das Ziel ist es, das Pferd auf die Hilfe wieder so zu sensibilisieren, dass künftig die freundliche und reduzierte Hilfe ausreicht, um die gewünschte Verhaltensantwort zu bekommen. Wichtig ist aber, dass immer erst die freundliche, normale Hilfe gegeben wird, damit das Pferd überhaupt erst einmal die Chance hat, darauf reagieren zu können. Auf diese Weise wird nach und nach eine immer genauere, reduzierte und damit feinere Einwirkung möglich.

4. EXKLUSIVITÄT

Ein ganz wichtiger Punkt ist die Exklusivität von Hilfen und die Forderung, dass diese sich in ihrer Anwendung nicht widersprechen dürfen. Aus diesem Grund spricht die Reitlehre auch vom Zusammenspiel der Hilfen, nicht von „alles immer gleichzeitig". Selbst eine Parade besteht aus Vortreiben, Nachgeben, Abfangen (parieren), Nachgeben und wieder Vortreiben. Für das ungeübte Auge sieht es aus, als ob dies alles gleichzeitig geschehe und der ungeübte Reiter wird auch versuchen, diese Einwirkungen alle gleichzeitig zu setzen. In Wahrheit laufen die ‚Einzelhilfen' aber, fein dosiert in ihrer Intensität, in Bruchteilen von Sekunden nacheinander ab, greifen ineinander und ergänzen sich, sodass unterm Strich das Ergebnis, hier die Parade, herauskommt.
Voraussetzung für ein gutes Gelingen ist aber auch, dass das Pferd diese Einzelhilfen bereits verstanden hat. Es muss also auf Vortreiben mit einem aktiver nach vorn schiebenden Hinterbein reagieren, Nachgeben als bejahende Verstärkung begriffen haben, sich beim Parieren sofort ‚bremsen' lassen und so fort. Damit es dies begreifen und dann auch umgehend reagieren kann, sind Exklusivität und das Sich-nicht-Widersprechen von Hilfen deshalb von größter Bedeutung. Wenn der Reiter eine vortreibende Schenkelhilfe gibt, dann geht es erst mal nur um eine Reaktion des Pferdes: vorwärts. Und wenn er eine seitwärtstreibende Schenkelhilfe geht, dann geht es erst einmal nur ums seitwärts Weichen. Das Gleiche gilt für Zügelhilfen. Viele Reiter machen hier aber den Fehler, die Form vor die Reaktion des Pferdes zu stellen. Ein Beispiel: Das Pferd reagiert nicht wie gewünscht auf die vortreibende Schenkelhilfe. Der Reiter will diese wieder auffrischen und gibt einen energischen Impuls. Das Pferd reagiert – eigentlich wie gewünscht – mit Beschleunigung, doch der Reiter bremst sofort ab, weil es ihm nun doch zu schnell wird. Und am Zügel bleiben soll das Pferd bei dem Manöver womöglich auch noch. Dies wäre

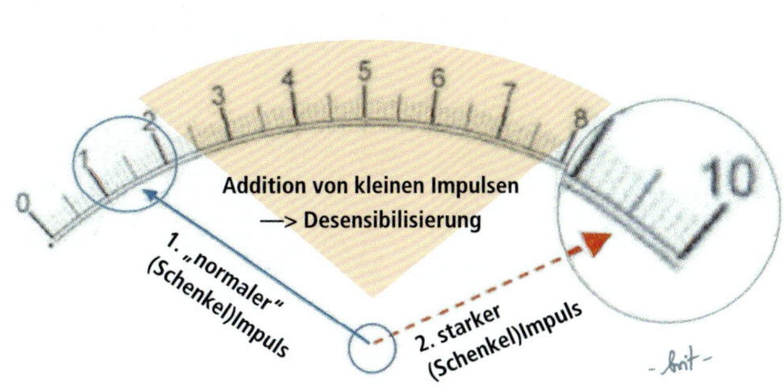

Bei der Hilfengebung ist Sensibilisierung, nicht Desensibilisierung das Ziel.

so eine typische Situation, die ein Pferd vollkommen verunsichert. Was soll es denn auf die Schenkelhilfe nun tun? Vorwärts gehen? Oder Abbremsen? Oder durchs Genick gehen? Ja was denn nun? Je nach Pferdetyp wird aus solcher Verunsicherung entweder Nervosität oder Resignation. Trainingsverwirrung nennt sich dies.

Als Reiter muss man sich deshalb bei jeder seiner Hilfen fragen: Habe ich für das, was ich gerade wollte, auch die einzig passende Hilfe gegeben, oder habe ich vielleicht alles vermischt? Das gilt übrigens auch für den Einsatz von Hilfsmitteln wie Gerte und Sporen. Auch sie sollten so wenig wie möglich eingesetzt werden und nicht aus Gewohnheit mit jeder Hilfe (hier meist dann die vortreibenden) vermischt werden. Mancher Reiter hat es sich schon angewöhnt, bei jedem Anreiten, jedem Antraben und jeder Tempoerhöhung automatisch die Gerte oder den Sporn ebenfalls einzusetzen. So kann ein Pferd die eigentlich erforderliche Hilfe, den vortreibenden Schenkel, aber gar nicht erst erlernen.

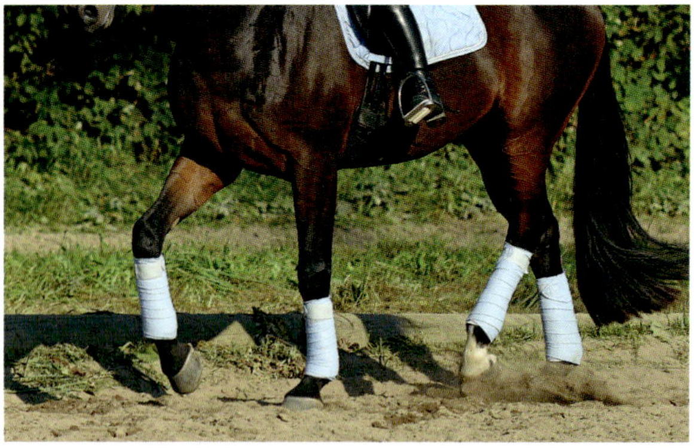

Inaktive (oben) oder aktive (unten) Hinterhand des Pferdes …

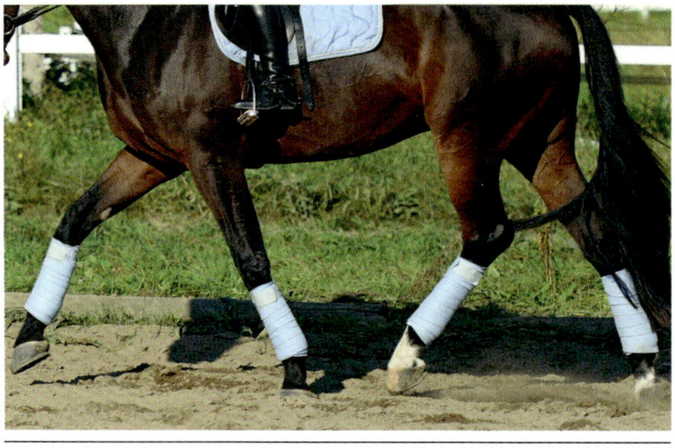

… ist eine Frage korrekter reiterlicher Einwirkung.

5. VERHALTENSFORMUNG

Wie auf Seite 39 bereits beschrieben, lässt sich via Verhaltensformung auch das Erlernen neuer Übungen und Lektionen erarbeiten. Das Prinzip dieses Vorgehens: nicht gleich das perfekte, fertige Ergebnis erwarten, sondern das Pferd Schritt für Schritt an Neues heranführen. Das verhindert Stress und Verunsicherung und führt letztlich schneller und auch nachhaltiger zum Lernerfolg.

6. AUSSETZBARKEIT

Jede Reiterhilfe wirkt nur wirklich gut, wenn sie nicht dauerhaft gegeben werden muss, um ein Pferd in einem gewissen Rahmen oder in einem gewünschten Tempo zu halten. Das heißt, in dem Moment, in dem sie nicht aktiv gegeben wird, indem sie also ausgesetzt ist, sollte das Pferd die zuvor erreichte Aktion möglichst selbstständig fortführen, bis eine entsprechende weitere Reiterhilfe entweder wieder auffrischt (z. B. Fleiß) oder aber etwas anderes einleitet. Wer jeden Schritt, Tritt und Sprung seines Pferdes mit klopfenden oder quetschenden Schenkeln, Sporneinsatz u. Ä. begleitet, stumpft es auf die treibenden Hilfen ab. Und wer sein Pferd mit festhaltender Hand einspannt aus Sorge, es könnte sich beim Nachgeben frei machen oder schneller werden, der verursacht damit immer weiter anwachsende Undurchlässigkeit. Denn auch hier wäre das Aussetzen der Hilfe, hier also das Nachgeben, die so wichtige Rückmeldung fürs Pferd, und Voraussetzung für dessen freudige und motivierte Mitarbeit.

01 Hinten quetschen, vorn festhalten – dem Pferd steht das Unbehagen ins Gesicht geschrieben.

02 Bei verbesserter reiterlicher Einwirkung ist der Rahmen deutlich schöner und das Pferd zufriedener.

7. ANGSTFREIHEIT

Wie im Vorherigen bereits erklärt, ist Angst beim Lernen kein guter Ratgeber, weil sie die Flexibilität eines Verhaltens einschränkt und Verhaltensänderungen schwierig bis unmöglich macht. Je mehr Angst, desto unflexibler das Verhalten. Jeder Reiter muss sich deshalb bemühen, seine Hilfen so zu setzen, dass sie keine Angst hervorrufen. Das heißt nicht, dass nun nur noch mit dem weichen Wattebausch gewunken werden soll, denn das würde Punkt 1 und 2 widersprechen. Gegen einen energischen Schenkeleinsatz ist zum Beispiel nichts einzusetzen, solange das Pferd versteht, wie es darauf reagieren soll, und nicht gleichzeitig an einer Reaktion gehindert wird. Auch wenn bei späteren komplexen Hilfen und den damit verbundenen schwierigeren Lektionen Fehler auftreten, darf die Korrektur niemals zu Angst führen. Man muss sich immer wieder klarmachen, dass Pferde kein Falsch und kein Richtig kennen. Sie lesen keine Fachbücher und haben keine Vorstellung davon, wie ein runder Zirkel aussieht, ein sauber durchgesprungener fliegender Wechsel oder eine gut gesetzte Pirouette. Die Qualität der Ausführung einer Lektion ist immer das Ergebnis des reiterlichen Könnens – oder Nicht-Könnens. Fehler macht nur der Reiter!

Ein Pferd zu arbeiten und zu trainieren, ist eine Lebensaufgabe und dient dazu, es möglichst lange körperlich und auch mental gesund zu halten. Gutes Reiten ist in diesem Sinne der beste Tierschutz. Je höher das athletische Niveau, desto größer die Verantwortung des Reiters.

„Wenn dein Pferd einen Fehler macht, so suche die Ursache bei Dir. Und solltest du sie nicht finden, dann suche gründlicher.“

(Egon von Neindorff, 1923 – 2004)

KONSEQUENZEN

— *Anwendung in der Praxis*

DIE RICHTIGEN „KNÖPFE" FINDEN

Ethologie, Lerntheorie, Konditionierung, Verstärkung und was noch alles – jede Menge Theorie, die da offenbar in eine harmonische Reiter-Pferd-Beziehung mit hineinspielt. Ist das wirklich alles notwendig?

Das Wissen um die Zusammenhänge ist tatsächlich wichtig, um mehr Verständnis fürs Pferd und seine besonderen Bedürfnisse zu erlangen. Ohne die Umsetzung in die Praxis ist Wissen allein jedoch nichts. Schon Goethe sagte einst: „Grau, teurer Freund, ist alle Theorie,/ Und grün des Lebens goldner Baum." Soll heißen: Was nutzt die schönste Theorie, wenn sie mit dem wirklichen Leben nicht in Einklang zu bringen ist. Und auch beim Reiten ist es letztlich die Praxis, sind es die Aktionen des Reiters im Sattel, die Reaktionen des Pferdes, das Wissen, die Umsetzung und das Fühlen, die am Ende zu Verstehen und Verständnis zwischen Pferd und Reiter führen.

WIE WELCHE REITER-HILFEN WIRKEN

Grundsätzlich unterschieden werden drei Arten von Hilfen, die Zügelhilfen, die Schenkelhilfen und die Gewichtshilfen. Hinzu kommen Hilfsmittel, wie Gerte und Sporen und auch Stimme. All diese Hilfen sind wie die Buchstaben eines Alphabetes. Jede für sich steht, abhängig von der Variation in Ausführung und Intensität, quasi für einzelne Buchstaben. Jeder Buchstabe hat eine eigene Bedeutung, einen Sinn ergibt aber erst die Kombination – das Wort. Die knappe Aneinanderreihung von Worten – „Ich Tarzan, Du Jane" – kann zwar bereits ein Einstieg in eine simple Verständigung darstellen, ein wirkliches Zwiegespräch im Sinne von Kommunikation ist aber erst mit einer sinnvollen und komplexeren Kombination von Wörtern und Grammatik möglich. Nach einem ähnlichen Prinzip funktionieren letztlich auch die einzelnen Reiterhilfen und ihre aufeinander abgestimmte Kombination, also die reiterliche Einwirkung. Je differenzierter, genauer und klarer die jeweilige Hilfe gegeben und je besser sie mit anderen Hilfen kombiniert wird, desto eher werden Pferd und Reiter dieselbe Sprache sprechen und desto besser wird das Zwiegespräch zwischen ihnen funktionieren.

Stimmige Hilfengebung ist wie die Sprache zwischen Reiter und Pferd.

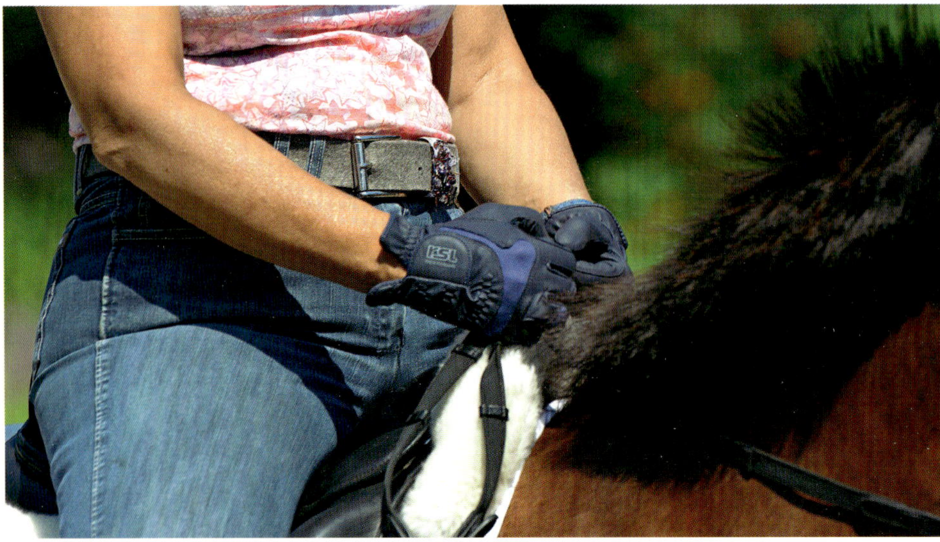

Unterarm, Faust und Zügel sollten wie hier in einer ungebrochenen, geraden Linie verlaufen.

Zügelhilfen basieren auf Druckveränderung. Aus locker geschlossenen, neutralen Fäusten werden sie annehmend, durchhaltend oder nachgebend gegeben, je nach geplanter Aktion. Daneben gibt es noch die verwahrende und die seitwärtsweisende Zügelhilfe. Bei der annehmenden Zügelhilfe werden die Zügelfäuste kurz angespannt und gegebenenfalls ein wenig nach abwärts gekippt, sodass sich so die Zügel für einen Augenblick minimal verkürzen. Bei der durchhaltenden Zügelhilfe wird die Anspannung der Faust, wie der Name schon sagt, länger durchgehalten. Bei der nachgebenden Zügelhilfe wird die Anspannung und auch die Kippung wieder aufgegeben, der Zügel somit wieder minimal verlängert. Die verwahrende Zügelhilfe kommt bei jeglicher Form von Stellung und Biegung zum Einsatz und zwar in Form von einem leichten Nachgeben, dem sogenannten „Stellung zulassen“ des entsprechenden äußeren Zügels. Und die seitwärtsweisende Zügelhilfe schließlich weist, wie der Begriff schon erahnen lässt, zur Seite und zwar dorthin, wohin sich das Pferd bewegen soll. Verwendet wird sie meist, um jungen Pferden die Richtung beim Abwenden zu weisen und auch später bei Bedarf zur Erarbeitung von Traversalen.

Schenkelhilfen funktionieren ebenfalls über Druckveränderungen, außerdem aber auch über die unterschiedliche Lage des Reiterbeins am Pferdekörper. Es gibt sie als „beidseits vortreibende Schenkelhilfen“ (Schenkel liegen etwa in Gurthöhe), „einseitig vortreibende/biegende Schenkelhilfen“ (innerer Schenkel liegt in Gurthöhe und löst das Abfußen des inneren Hinterbeins aus), „verwahrende Schenkelhilfen“ (einseitig, beim Rückwärts-

01 Vorwärts treibender Schenkel

richten auch beidseitig, gut eine Handbreit hinter dem Gurt), „(vorwärts-)seitwärtstreibende Schenkelhilfen" (einseitig etwa eine handbreit hinter dem Gurt mit Druck) und letztlich auch versammelnde Schenkelhilfen (Unterschenkel sind etwas hinter den Gurt verlagert). Am besten funktionieren Schenkelhilfen aus einem locker am Pferd anliegenden Reiterbein heraus. Bewegt sich ein Pferd, bewegt sich sein Körper nämlich nicht nur vorwärts, sondern, abhängig vom Auf- und Abfußen seiner Beine, auch rhythmisch auf- und abwärts sowie seitwärts. Dabei trifft der Pferderumpf immer wieder auf die Wade des Reiters, vorausgesetzt, sie liegt da, wo sie hingehört. Daher kommt auch die Formulierung: „Das Pferd holt sich seine treibende Schenkelhilfe selbst ab." Diese Art des Treibens wirkt latent im Hintergrund immer. Hinzu kommen dann noch gezielte, mehr aktiv treibende Aktionen des Reiters, die dann in Form eines kurzen, prägnanten Impulses gegeben werden.

001 In diesem Film erfahren Sie etwas über die Bedeutung der Zügelhilfen.

Gewichtshilfen unterscheiden sich in einseitig belastende, beidseitig belastende und entlastende Gewichtshilfe. Bei der einseitig belastenden Gewichtshilfe wird ein Gesäßknochen des Reiters, im Allgemeinen der innere, ein wenig mehr belastet. Wichtig dabei: Die Schultern des Reiters bleiben auf gleicher Höhe. Bei der beidseitig belastenden Gewichtshilfe wird das Becken minimal nach hinten gekippt. Als kleine visuelle Orientierung kann hier die Vorstellung helfen, das Reiterbecken sei eine flache, mit Wasser gefüllte Schale. Wird diese Schale nach hinten gekippt, läuft das Wasser hinten aus der Schale heraus. Wird die Schale/das Becken dagegen bei der beidseits entlastenden Gewichtshilfe nach vorn gekippt, schwappt das Wasser über den vorderen Rand.
Auf eine Gewichtshilfe zu reagieren, muss ein Pferd eigentlich gar nicht erst lernen, denn es wird, um sein Gleichgewicht halten zu können, ganz automatisch und instinktiv versuchen, seinen Schwerpunkt unter den des Reiters anzugleichen. Je kleiner und zarter ein Pferd im Vergleich zu seinem Reiter ist, desto sensibler wird es auf Verlagerungen des Reitergewichts im Sattel reagieren. Über Gewichtsverlagerungen bei Wendungen, bei Paraden und

02 Seitwärts treibender Schenkel

03 Verwahrender Schenkel

auch bei Tempoerhöhungen kann der Reiter sein Pferd also unterstützen oder auch stören. Rutscht beispielsweise das Reitergewicht durch Einknicken in der inneren Hüfte in einer Wendung leicht nach außen (durch das Einknicken senkt sich ja der äußere, statt wie gewünscht der innere Hüftknochen), wird es dem Pferd schwer gemacht, die Wendung ausbalanciert auf der geforderten Linie überhaupt absolvieren zu können. Stattdessen wird es versuchen, sich nach außen unter den Schwerpunkt des Reiters zu bewegen – sehr zu dessen Verärgerung, der gar nicht begreift, dass er hier (mal wieder) die Ursache allen Übels ist. Selbst beim Leichttraben wirkt das Reitergewicht: Hohes oder verlangsamtes (gegen den Rhythmus) Aufstehen wirkt bremsend, schnelles Aufstehen dagegen vortreibend.
Die korrekte Kombination all dieser unterschiedlichen Hilfen ermöglicht es, zunächst einige Grundlagenlektionen mit dem Pferd zu erarbeiten. Hier eine kleine Übersicht, welche Hilfe wann und wobei wie wirkt:

ANREITEN

Zum Anreiten aus dem Halten in den Schritt müsste der Reiter zunächst eine beidseits vortreibende Schenkelhilfe geben, die über eine Kombination von Muskelreaktionen auf die Hinterbeine des Pferdes wirkt und diese zum Vortreten anregt. Oft ist in der Literatur zu lesen, dass eine vortreibende Schenkelhilfe immer nur auf das abfußende Hinterbein wirken kann und deshalb auch nur kurz vor dem Augenblick des Abfußens gegeben werden soll. Zu bezweifeln ist aber, dass der nicht ganz so erfahrene Reiter überhaupt erfühlt, welches Bein wann kurz davor ist, den Boden zu verlassen. Und vor allem beim Anreiten (und Antraben) aus dem geschlossenen Stand würde sich auch die Frage stellen, welches Bein denn das zuerst antretende werden soll. Wirkt der Reiter hier nur mit einem Schenkel treibend ein, bestünde auch die Gefahr des seitlichen Ausweichens. Also ruhig den treibenden Impuls mit beiden Schenkeln gleichzeitig geben und dem Pferd überlassen, welches seiner Hinterbeine es zuerst nach vorn bewegt.

Ein Pferd hat keine Vorstellung von Hufschlaglinien. Sie einzuhalten, ist Aufgabe des Reiters.

Auch beim Anreiten kommt es auf die richtige Kombination und Reihenfolge der Reiterhilfen an.

Unterstützt wird die Schenkelhilfe von einer beidseits belastenden Gewichtshilfe, also vom „Anspannen des Kreuzes“. Nun kann man sein Kreuz eigentlich nicht anspannen, denn das Kreuz(bein) ist knöchern. Trotzdem hat sich der Begriff in der Reitlehre eingebürgert und soll auch hier verwendet werden. Wirklich angespannt wird aber eher der untere Teil der Bauchmuskulatur und damit gleichzeitig auch der Muskulatur in Höhe des unteren Rückens. Dadurch kippt das Reiterbecken ein wenig wie oben beschrieben nach hinten und unterstützt die Aufforderung ans Pferd zum Vorwärtsgehen. Wie das? Stellen wir uns vor, wir sitzen auf einem großen Gymnastikball und würden diese Beckenbewegung ausüben, gegebenfalls noch mit einer leichten Kippung des Oberkörpers nach hinten. Wohin würde der Ball rollen? Nach vorn, denn Ball und darauf Sitzender wären nicht mehr im gemeinsamen Gleichgewicht. Und genau auf diesen Gleichgewichtsveränderungen basieren ja die reiterlichen Gewichtshilfen. Und noch eine Hilfe käme nun zum Einsatz: die nachgebende Zügelhilfe. Sie wird genau in dem Augenblick gegeben, in dem das Pferd die Vorwärtsbewegung beginnt.

ANTRABEN

Im Grunde funktioniert Antraben (aus dem Halten und auch aus dem Schritt) ähnlich wie das Anreiten, mit dem Unterschied, dass die vortreibende Schenkelhilfe etwas energischer gegeben wird und die Hilfenabfolge noch schneller vonstattengeht. Je besser das Pferd dabei ‚an den Hilfen‘ steht, also zumindest am Zügel geht, desto korrekter und spontaner kann das Pferd reagieren.

ANGALOPPIEREN

Beim Angaloppieren wirken die Reiterhilfen ebenfalls miteinander und minimal nacheinander. Soll das Pferd beispielsweise links angaloppieren, müsste der Reiter sein Pferd leicht nach links stellen. Dabei gibt – im günstigen Fall – das Pferd im Genick nach,

Die nachgebende innere Hand gibt dem entstehenden Galoppsprung Raum.

was eine nachgebende Zügelhilfe nach sich ziehen würde. Da zeitgleich der Reiter via einseitiger Gewichtshilfe (innerer Gesäßknochen vermehrt belastet) sein Pferd dazu gebracht hat, seine Körpermasse minimal nach innen unter den leicht veränderten Schwerpunkt zu bringen, und dabei durch einen kleinen Impuls des inneren Schenkels das innere Hinterbein zum reflexartigen Vorfußen angeregt hat und alles über den äußeren Zügel und den äußeren verwahrenden Schenkel kontrolliert, wird das Pferd auf dem äußeren Hinterbein abstützend und mit dem inneren Hinterbein vorspringend angaloppieren (können). Die nachgebende Zügelhilfe fungiert dabei sowohl als negative Verstärkung für das Nachgeben im Genick als auch als platzschaffende Aktion für das vorspringende innere Hinterbein.

PARIEREN

Parieren entspricht im weitesten Sinne der ‚Bremse' am Pferd, aber eben nur im weitesten Sinne. Treten wir beim Auto massiv aufs Bremspedal, senkt sich die Nase des Gefährts nach abwärts, während Fahrer und Insassen nach vorn in die Sicherheitsgurte gedrückt werden. Eine Folge der sogenannten Trägheitskraft, die beim Abremsen von Bewegung auf die träge Masse (Auto, Insassen) einwirkt. Beim Parieren/Bremsen eines Pferdes wirken ähnliche Kräfte, wenn auch bei einer Pferdestärke geringer als bei vielen PS. Damit dies im Sinne von gymnastizierendem Dressurtraining und gelenkschonendem Reiten aber nicht passiert, gibt es Paraden. Der einzige Unterschied zwischen halben Paraden und ganzen Paraden liegt darin, dass die ganzen Paraden immer zum Halten führen. Ansonsten ist Parade im Prinzip gleich Parade, denn auch die ganze Parade besteht aus mehreren halben Paraden in schneller Folge.

Gegeben werden halbe Paraden vor jeder Lektion, vor jeder Wendung und jedem Übergang. Warum? Über eine halbe Parade wird ein Pferd vermehrt zwischen den Hilfen des Reiters eingeschlossen und damit in ein verbessertes Gleichgewicht gebracht. Nase und Vorhand geraten so eben nicht nach abwärts. Das Zusammenspiel von Kreuz, Hand und Schenkel sowie sämtlicher Gewichtshilfen ist dabei ganz wichtig. Über die treibenden Schenkelhilfen, quasi der Einstieg in die halbe Parade, reagiert das Pferd mit einem vermehrten Vorfußen mit den Hinterhufen in Richtung Schwerpunkt. Dabei bewegt sich seine Körpermasse automatisch minimal nach vorn, wo es durch die annehmende und

Ingrid Klimke zeigt hier die ganze Parade meisterlich: Das Pferd tritt vermehrt Richtung Schwerpunkt …

gegebenfalls auch kurz durchhaltende Zügelhilfe wieder abgefangen wird. Dabei entsteht ein Hauch mehr Druck auf den Zügeln, die es nach vorn begrenzen. Hat das Pferd zuvor gelernt, im Sinne negativer Verstärkung hierauf nun im Genick loszulassen und seinen Hals minimal mehr zu runden, lässt dieser von hinten nach vorn entstandene Mehr-Druck wieder nach, unterstützt noch durch eine umgehend erfolgende, nachgebende Zügelhilfe. Der Rahmen des Pferdes verkürzt sich so von hinten nach vorn.

Der in den Paraden notwendige Kreuzeinsatz des Reiters – beidseitig belastend oder eher entlastend – richtet sich ein wenig nach der Versammlungsfähigkeit und der bereits erreichten Durchlässigkeit des Pferdes.

Pferde, die im Rücken noch nicht so stabil sind, freuen sich über ein minimales Vorkippen des Reiterbeckens während der Parade, da ihnen dies das vermehrte Untertreten erleichtert. Weiter gerittene und bereits stabiler in Richtung Versammlung gearbeitete Pferde, wie der unten abgebildete Rappe, würden durch ein ‚Kreuzanspannen', also die leichte Beckenkippung nach hinten, besser an die Hand nach vorwärts-aufwärts herangeritten.

Halbe Paraden werden nicht nur als Einstieg in jegliche Lektion geritten, sondern vor allem auch bei sämtlichen Gangarten- und Tempounterschieden und -wechseln.

Das Tempo, aus dem Paraden in ein niedrigeres Tempo geritten werden, steht dabei in direktem Zusammenhang mit der auf Pferd und Reiter wirkenden Trägheitskraft, die umso größer ist, je größer die Masse und die Änderung der Geschwindigkeit sind. Aus diesem Grund geraten auch so viele Pferde unter

... und kommt ausbalanciert und geschlossen zum Halten.

ihren (mehr oder weniger schweren) Reitern bei unkorrekt gerittenen Übergängen vom Galopp zum Schritt auf die Vorhand. Sauber und im perfekten Timing ausgeführt, verhindert die Hilfen-Kombination der Paraden dagegen, dass das Pferd bei dem Tempo- oder Gangartenwechsel auf die Vorhand kippt. Auf diese Weise kann es – im Gegensatz zum bremsenden Auto – sein Gleichgewicht halten. Voraussetzung dafür ist jedoch das Verständnis und die Akzeptanz der reiterlichen Einwirkungen.
Um an halbe Paraden nicht zu verkopft heranzugehen, hilft es im Allgemeinen, durchparieren zu wollen und alle dazu erforderlichen Hilfen zu geben. In dem Moment aber, in dem das Pferd reagiert und durchparieren möchte, entscheidet man sich kurzerhand um nach dem Motto: Ach nein, es geht doch weiter! Ganz automatisch geben die Reiter dann unterbewusst die dafür notwendige vermehrt treibende Hilfe – und schon haben sie so eine effektive und funktionierende halbe Parade von hinten nach vorn geritten, statt mit der Hand nach rückwärts zu bremsen. Der Bewegungsfluss des Pferdes wird somit nicht gestört.

SEITWÄRTSBEWEGUNG

Soll sich ein Pferd unter seinem Reiter seitwärts bewegen, kommen vorrangig die seitwärtstreibenden Schenkelhilfen zum Tragen, unterstützt durch einseitig annehmende und somit stellende Zügelhilfen und den Einsatz entsprechender Gewichtshilfen. Was passiert wie? Eine seitwärtstreibende Schenkelhilfe wird zwangsläufig nur mit *einem* seitwärtswirkenden Schenkel geritten, denn diesem soll das Pferd ja in die entgegengesetzte Richtung ausweichen. Die Seitwärtsbewegungen unter dem Sattel sind die Vorhandwendung und das Schenkelweichen. Bei diesen beiden Lektionen weicht das Pferd dem inneren Schenkel, zu dem es auch via Zügelhilfe gestellt ist. Der Reiter übt mit dem zu weichenden Schenkel einen erhöhten kurzen Druck aus, das Pferd weicht einen Schritt oder Tritt (im Trab) aus, der Druck wird daraufhin umgehend nachgelassen und verstärkt die Reaktion des Pferdes, das Weichen, auf diese Weise (siehe negative Verstärkung). Schritt für Schritt und Tritt für Tritt werden eine kurze Druckerhöhung und ein Drucknachlassen gesetzt. Je besser das Pferd verstanden hat, diesem Druck seitwärts auszuweichen, desto geringer kann die Druckerhöhung ausfallen. Während der Vorhandwendung liegt der äußere Schenkel verwahrend hinter dem Gurt. Dort verhindert er bei Bedarf ein zu starkes Zur-Seite -Weichen, kann aber auch kurz treibend eingesetzt werden und so ein zu starkes Rückwärts-Ausweichen verhindern (ein, zwei Tritte rückwärts sind unproblematisch). Der äußere Zügel steht etwas mehr an, erlaubt jedoch die Stellung via innerem Zügel. Beim Schenkelweichen liegt der äußere Schenkel ebenfalls verwahrend hinter dem Gurt und gewährleistet, dass das Pferd nicht nur zur Seite, sondern auch nach vorn geht. Denn das Schenkelweichen ist, genauso wie später die Seitengänge Travers, Renvers und Traversale, eine Vorwärts-Seitwärts-Bewegung. Der Vorwärtsdrang des Pferdes soll auch im Seitwärts immer erhalten werden.

RÜCKWÄRTS

Rückwärtsrichten unter dem Reiter wird letztlich erst geritten, wenn das Pferd die vortreibenden und verwahrenden Schenkelhilfen sowie die Zügelhilfen verstanden hat. Ohne Reiter lässt sich das Rückwärtstreten allerdings bereits vorher schon über entsprechende Körpersprache, leichte Druckvarianten übers Nasenbein (auch hier nach dem Prinzip negativer Verstärkung), gegebenenfalls Touchieren an Brustbein oder Unterarm in Verbindung mit Stimmhilfen in der Bodenarbeit einführen. Der Vorteil hier ist die Möglichkeit der positiven Verstärkung über eine echte Belohnung. Auf die Handlung des Pferdes – hier das Zurücktreten – kann die Belohnung umgehend und ohne Zeitverlust gegeben werden, was wiederum das Lernen unterstützt.

Beim Schenkelweichen lernt das Pferd, dem seitwärtstreibenden Schenkel – bei Bedarf unterstützt von der Gerte – zu weichen und dabei in der Vorwärtsbewegung zu bleiben.

Mit einem Reiter auf dem Rücken ist die gleiche Übung aus bloßen biomechanischen Gründen zunächst schwieriger, da das Pferd im Rückwärts seine Hanken, also die großen Gelenke der Hinterhand, etwas mehr beugen und dabei seine Oberlinie ein wenig aufwölben muss. Junge Pferde sind dazu noch nicht oder zumindest nur eingeschränkt in der Lage. Deshalb würde man hier als Reiter durch eine entlastende Gewichtshilfe (leichtes Vorkippen des Oberkörpers) eben dieses Aufwölben sowie die Hankenbeugung erleichtern. Ein weiter ausgebildetes und bereits sicher in Versammlung gehendes Pferd braucht diese Gewichtsentlastung eigentlich nicht mehr.

Die Mechanismen, die beim Rückwärtsrichten ablaufen, beruhen, wie schon gesagt, auf dem Verständnis der Zügel- und Schenkelhilfen. Hat das Pferd zuvor gelernt, auf eine leichte Zügeldruckerhöhung mit Kauen und Nachgeben im Genick zu reagieren – es

Zum Beenden des Rückwärtsrichtens gleiten die Unterschenkel wieder in die Ausgangslage zurück.

'stößt sich vom Gebiss ab' – und auf eine vortreibende Hilfe mit Abfußen, dann wird es auf ein kurzes Vortreiben durch den Reiter bei losgelassenem Genick antreten wollen. Die nun umgehend folgende annehmende Zügelhilfe verhindert dieses Vortreten aber und lenkt die Bewegung nach rückwärts um, unterstützt durch die nun beide verwahrend leicht nach hinten gelegten Unterschenkel. Der erste Tritt ins Rückwärtsrichten wird also, auch wenn dies im ersten Moment unlogisch klingt, durch eine eher vortreibende Hilfe ausgelöst. Wichtig ist: Auf jeden durch die nun annehmende Zügelhilfe erfolgten Rückwärtstritt folgt nun im Sinne von negativer Verstärkung ein sofortiges Nachgeben (= Aussetzen der Zügelhilfe). Beendet wird das Rückwärts durch Weglassen der annehmenden Zügelhilfen, dem Vorgleiten der Unterschenkel in die treibende Position und gegebenfalls einem etwas tieferen Einsitzen. Die Dosierung der Hilfenabfolge und -intensität ist abhängig davon, ob das Rückwärts im Halten enden oder ins Vorwärts führen soll.
Gibt es bei jüngeren Pferden (oder wenig erfahrenen Reitern) noch Probleme mit dem Rückwärtsrichten, lässt sich die Übung durch einen Helfer vom Boden aus hinsichtlich Bewegungsablauf und Hilfengebung wie bei der Bodenarbeit unterstützen.

REITERSITZ UND EINWIRKUNG

Wer die vorigen Kapitel intensiv gelesen und ihre Bedeutung verstanden hat, der kann erahnen, warum ein ausbalancierter Reitersitz die absolute Grundlage dafür ist, dass die beschriebenen Lernmechanismen und die Prinzipien der Hilfengebung überhaupt greifen können. Ein ausbalancierter Reitersitz ist nicht nur ein guter, den formalen Ansprüchen und Forderungen der Reitlehren und Richtlinien entsprechender Sitz, er ist auch direkt dafür mitverantwortlich, ob die Kommunikation zwischen Pferd und Reiter, die Einwirkung via Hilfengebung, überhaupt funktionieren kann. Gerade über die Zügel und die Schenkel hat der Reiter einen sehr intensiven und direkten Kontakt zum Pferd. Jede Bewegung hat eine Druckveränderung zur Folge, ist also quasi ein Wort, ein Satz oder gar ein Gespräch, das der Reiter mit seinem Pferd führt. Ob er will oder nicht. Druckveränderungen sind, wie weiter vorn erwähnt, quasi die Buchstaben eines Alphabetes. Ob sich dabei ein unverständliches Kauderwelsch formt oder aber ob sich der Reiter seinem Pferd so mitteilen kann, dass es ihn versteht, hängt ausschließlich vom Reiter ab.

Stichwort Zügelhilfen:

Mit den Zügeln übt der Reiter direkten Druck aufs Gebiss und damit auf das Pferdemaul mit seinen empfindlichen Strukturen aus. Das gilt übrigens auch für gebissloses Reiten. Hier wirkt der Druck zwar nicht auf Zunge und Lade, dafür aber je nach Zäumung auf Nasenrücken und über die Backenstücke der Trense bei jeglicher Zäumung immer auch aufs Genick. Die Variationen des Drucks – für alle, denen das Wort ‚Druck' nicht gefällt: der Einwirkung – bezüglich Intensität und Genauigkeit sind maßgeblich für das Verstehen oder Nicht-Verstehen des Pferdes.

So nicht:

Bei einem unausbalancierten und dadurch insgesamt wackeligen und unruhigen Sitz oder bei diversen speziellen Sitzfehlern (steife Schulterpartie, gerade durchgestreckte Arme) können die Reiterhände nicht zur Ruhe kommen, sondern bewegen sich auf und ab oder vor und zurück. Dadurch erfährt das Pferd immer wieder den Wechsel zwischen Einwirkung (Druckerhöhung/Annehmen) und Aussetzen der Einwirkung (Nachgeben). Dieser Wechsel ist aber zum einen nicht zielgerichtet, zum anderen verstärkt er über das unbewusste Nachgeben im falschen Moment

01 Steifer Sitz – unsicheres Pferd

02 Geschmeidiger Sitz – zufriedenes Pferd

01 Sitzfehler: Rücklage und falsches Treiben – die Hinterhand arbeitet nicht Richtung Schwerpunkt, das Pferd gerät auf die Vorhand und hinter den Zügel.

02 Sitzfehler: Rückwärts wirkende, ziehende Reiterhand – das Pferd wird eng und steif, Mimik und Schweif zeigen deutliches Unbehagen.

Reaktionen des Pferdes, die vom Reiter gar nicht beabsichtigt waren. Dem Pferd wird bei einer unruhigen Reiterhand außerdem auch die Möglichkeit genommen, herauszufinden, welche Bedeutung zwischenzeitlich vielleicht auch mal bewusst eingesetzte Zügelaktionen haben – und wie soll es diese überhaupt bemerken zwischen all dem Gewackel und Dauergezuppel?

Ebenso lernverhindernd ist eine festgestellte Reiterhand, denn diese bietet dem Pferd das für das Begreifen der Zusammenhänge so wichtige Aussetzen der Einwirkung nicht. Auch ein Reiter, der nicht nachgibt – sei es, weil er dazu neigt, sein Pferd durch Krafteinwirkung mit zu kurzem Zügel in einem Rahmen zu halten, sei es, weil er Sorge hat, dass sich sein Pferd beim Nachgeben vielleicht frei macht und nicht mehr am Zügel steht –, verwehrt seinem Pferd die notwendige Rückmeldung, dass es genau in dieser Sekunde mit dieser einen Reaktion wie beispielsweise Parieren oder Genickrunden etwas richtig gemacht hat. Das Pferd kann also nicht herausfinden, was es tun muss, damit der Zügeldruck wieder geringer wird oder verschwindet.

Auch die riegelnde Reiterhand ist, nicht nur weil sie grob wirkt, absolut fehlerhaft. Denn auch Riegeln verhindert den so wichtigen kurzen Moment des Aussetzens der Einwirkung, denn bei dem mehrfachen Rechts-Links-Abstellen entsteht im Pferdemaul mal rechts Druck, mal links Druck – aber nie ‚kein Druck'. Zwar senken manche Pferde hierbei tatsächlich den Kopf und scheinen an den Zügel zu kommen, aber nicht, weil sie

„Unter den vielen das Untertreten und damit den Gang störenden Fehlern sei zum Schluss noch der am häufigsten zu beobachtende erwähnt: die unruhige oder gar falsch aktiv einwirkende – die riegelnde Hand."

(Waldemar Seunig, 1887–1979)

verstanden haben, was sie tun sollen, sondern weil sie weiterem Schmerz aus dem Weg gehen möchten. Ein Schmerz, an den sich die Pferde bei unablässiger Riegelei aber sogar irgendwann gewöhnen (Stichwort systematische Desensibilisierung) können und dann jedoch das tun, was man ihnen durch Gewöhnung ja beigebracht hat: nicht mehr zu reagieren. Darüber hinaus behindert die riegelnde Reiterhand die Aktivität der Hinterbeine und macht einen schwingenden Pferderücken unmöglich.

Riegeln bringt deshalb immer weiteres und mehr Riegeln mit sich und führt auf lange Sicht dazu, dass ein Pferd immer schlechter durchs Genick geht. Ein vom Reiter selbstgemachtes Problem! Der Griff zum Schlaufzügel ist dann für viele der nächste Schritt auf dem Weg, dem vermeintlich sturen Tier beizubringen, dass es den Kopf senken und den Hals runden soll. Und schon geht es weiter in der Abwärtsspirale, denn auch der Einsatz des Schlaufzügels verwehrt dem Pferd den für das Begreifen und Lernen bedeutenden Moment des Aussetzens von Druck/Einwirkung und verhindert ein Durchschwingen der Bewegung. Selbst wenn es nachgeben und sein Genick entspannen will – der Druck

Das gleiche Pferd bei ausbalanciertem Sitz und freundlicher Reiterhand – sichtlich zufrieden und in schönem Rahmen

bleibt durch den Zug des Schlaufzügels bestehen. Unabhängig von sich fehlerhaft entwickelnder Muskulatur gerät das Pferd dadurch in den Zustand erlernter Hilflosigkeit, eine Situation also, aus der es sowieso keinen Ausweg mehr sieht. Mit klassischer Reitausbildung, die ein Pferd zu einem lernwilligen und lernenden Partner heranbilden will, hat dies nichts mehr zu tun!

Also einfach nur noch Nachgeben? Auch das ist lerntheoretisch natürlich keine Lösung, denn ohne Einwirkung auch kein Aussetzen der Einwirkung und damit keine Rückmeldung fürs Pferd.

Damit Lernen im Sinne dressurmäßiger Ausbildung über negative Verstärkung überhaupt möglich ist, muss zunächst ein Reiz/Druck gesetzt werden, damit das Pferd via Versuch und Irrtum herausfinden kann, wie es reagieren soll, und dies dann nach und nach verinnerlicht, bis es tatsächlich erlernt ist. Bei einem dauerhaft durchhängenden Zügel wäre das nicht möglich. Anlehnung, also die stete und weich federnde Verbindung zwischen Reiterhand und Pferdemaul, bei nachgegebenem Genick ist deshalb wichtig.

So geht's:

Grundsätzlich setzt eine reine Zügelhilfe zunächst also einmal auf Druckveränderungen im Maul und am Pferdekopf. Eine annehmende Zügelhilfe erhöht den Druck minimal, eine durchhaltende Zügelhilfe hält diesen Druck vorübergehend aufrecht, eine nachgebende Zügelhilfe löst den Druck wieder auf. Im Allgemeinen werden Zügelhilfen nicht separat, sondern im Zusammenspiel mit Schenkel- und Gewichtshilfen gegeben, aber dazu später.

Um ein Gefühl für die Wirkung der Zügelhilfe und vor allem für die möglichen Reaktionen des Pferdes zu bekommen und sich hierbei auch die Erkenntnisse der Lerntheorie einmal live und ganz praxisnah vor Augen zu führen, kann man als Reiter auch einfach mal mit aufgenommenem Zügel anhalten und schauen, wie sich das Pferd verhält. Das gut gerittene, durchlässige Pferd wird bereits auf den anstehenden Zügel, der ja einen minimalen Druck ausübt, mit Abkauen samt Wölben des Halses und Senken des Kopfes reagieren. Es kommt ‚an den Zügel‘. Der erfahrene Reiter löst genau in diesem Moment

01 Sitzfehler: Durchgestreckte Arme – das Pferd reagiert sichtlich genervt (Maul, Schweif) auf den steifen Sitz.

02 Sitzfehler: Rücklage, vorgestreckte Beine – das Pferd kann die Oberlinie nicht aufwölben.

Nur Nachgeben ist auch keine Option, denn so fällt ein Pferd auseinander.

durch leichtes Nachgeben diesen geringen Druck beinahe gänzlich auf und signalisiert so dem Pferd: richtig reagiert!
Senkt das Pferd beim Halten den Kopf aber nicht, sondern drückt mit festem Maul gegen den Zügel, sollte der Reiter zunächst einmal abwarten und dem Druck mit geschlossener, also durchhaltender Zügelfaust, standhalten, allerdings ohne ihn aktiv zu erhöhen. Eine durchhaltende Zügelhilfe ist zunächst nämlich nichts anderes als eine abwartende Zügelhilfe. Der Reiter wartet ab, was ihm das Pferd anbietet. Das kann ein weiteres Gegen-den-Zügel-Drücken sein, ein

03 Korrekter Sitz, korrekte Einwirkung – aktives Hinterbein, gleichmäßige Anlehnung, zufriedenes Pferd und ausdrucksvolle Trabverstärkung

01 Der Pferdekopf muss runter? Einfach mal mit angenommenen Zügeln abwarten und den Druck des Pferdes erwidern (aber nicht ziehen!).

Herausheben oder auch ein Rückwärtstreten. All das ist keine Widersetzlichkeit oder böse Absicht des Pferdes, sondern sein Versuch, herauszufinden, was es tun muss, um dem Druck zu entgehen.
Gibt der Reiter wohlmeinend in solch ‚falschen' Momenten nach, hat er dem Pferd ungewollt damit signalisiert: gut gemacht. Vor allem beim ungewollten Rückwärtsrichten reagieren viele Reiter mit Nachgeben des Zügels, um das Pferd am Rückwärts zu hindern. Dabei sagt dieses Nachgeben ja eigentlich „gut gemacht". Tritt das Pferd dann – ganz folgerichtig – weiter zurück, kommt vom Reiter dann häufig ein verärgerter Tritt in den Pferdebauch als massives Vorwärtstreiben, verbunden mit dem Satz „Du sollst doch nicht rückwärts". Den Satz kann das Pferd nicht verstehen, die Hilfengebung auch nicht. Korrektes Rückwärtsrichten basiert ja gerade auf dem Annehmen und Nachgeben, bei dem das Pferd für jeden Tritt rückwärts mit kurzem Nachgeben ‚belohnt' wird. Das Nachgeben beim ungewollten Rückwärts als Versuch, das Pferd eben daran zu hindern, gibt diesem deshalb die falsche Rückmeldung. Der ‚Tritt in den Hintern' verunsichert es zusätzlich. Stattdessen wäre es im Sinne von Lernen sinnvoller, mit der Hand so lange abzuwarten (dabei aber keinerlei rückwärtsunterstützende Schenkel- und Gewichtshilfen einsetzen), bis das Pferd von sich aus anhält – und

„Geduld ist eines der Geheimnisse bei der Pferdeausbildung. Es ist wahr, dass Geduld ohne Wissen niemals erfolgreich sein wird, ebenso wie Wissen ohne Geduld selten zum Erfolg führt."

(William Cavendish Duke of Newcastle, 1592–1676)

02 Die Geduld zahlt sich meist aus und muss nun umgehend mit einem Weichmachen der Zügelfäuste beantwortet werden.

dann genau in diesem Moment nachzugeben. Vielen Reiter fällt dieses Abwarten allerdings schwer, zu sehr sind sie darauf fixiert, dass das Pferd doch den Kopf schnell herunternehmen soll und sich möglichst nicht rührt. Entweder sie fummeln und riegeln sofort, oder sie versuchen es mit Annehmen-Nachgeben. Beides keine guten Ideen, wie zuvor beschrieben. Wer dagegen die Geduld zum Abwarten hat und auch auf ungewollte Aktionen entspannt regiert, den Druck seiner Fäuste dabei aber nicht verändert, weder in die eine, noch in die andere Richtung, wird in der Regel den Moment spüren, in dem das Pferd als eine mögliche Verhaltensantwort Kauen oder leichtes Absenken des Halses anbietet. Und genau in diesem Moment muss der Reiter umgehend den Druck ebenfalls nachlassen, also nachgeben.

Doch Vorsicht: Annehmen-Durchhalten-Nachgeben, all das spielt sich innerhalb der Reiterfäuste ab und hat nichts mit Ziehen und Wegwerfen zu tun. Es gibt keine nach hinten wirkende Zügelhilfe und es gibt keine vorschießende Zügelhilfe. Im Allgemeinen reicht es, wenn der Reiter aus einer eher neutral geschlossenen Faust zum Annehmen die Faust etwas kräftiger schließt und zum Nachgeben etwas deutlicher lockert. Als Bild hilft vielleicht die Vorstellung, in der Neutralposition ein rohes Ei oder einen kleinen Vogel zu halten. So fest, dass das Ei nicht herunterfällt bzw. der Vogel nicht davonfliegt, aber auch so sanft, dass beide nicht zerquetscht werden. Die nachgebende Zügelfaust würde das Ei fallen und den Vogel fliegen lassen, die annehmende/durchhaltende (Zügelfaust) würde Ei und Vogel verletzen oder gar Schlimmeres verursachen.

Mittels dieser Aktionen allein aus den Zügelfäusten lassen sich blitzschnell höchst genau dosierte Einwirkungen setzen, die, je besser

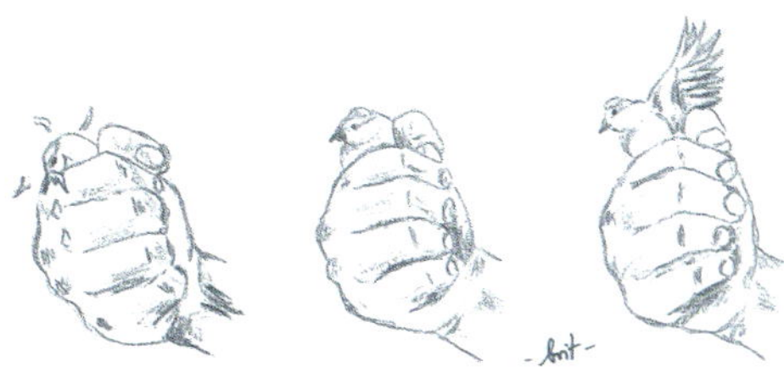

Links: Annehmende Zügelhilfe – Vogel tot
Mitte: Neutrale Zügelhilfe – Vogel wohl behütet
Rechts: Nachgebende Zügelhilfe – Vogel in Freiheit

Überstreichen geschieht mittels einer ruhig-fließenden Bewegung für zwei bis drei Schritte, Tritte bzw. Sprünge.

das Pferd verstanden hat, was damit verbunden ist, immer feiner ausfallen können. Kaum eine andere Reiterhilfe funktioniert so schnell und präzise wie die Zügelhilfe über An- und Abspannen der Fäuste. Ein zwar wohlgemeintes, aber plötzliches Vorschießen der Hände dagegen hat immer einen springenden Zügel zur Folge, der dem Pferd übers Gebiss einen winzigen Schlag ins Maul versetzt. Keine böse Absicht des Reiters, aber fürs Pferd trotzdem unangenehm und deshalb die falsche Rückmeldung.

Ein Überstreichen in der Vorwärtsbewegung ist etwas anderes. Hiermit überprüft der Reiter für zwei, drei Tritte oder Sprünge die Selbsthaltung des Pferdes, also die Fähigkeit, seinen Kopf in der gewünschten Position aus der Kraft seines Oberhalses vorübergehend ohne die Einrahmung durch den Zügel tragen und dabei seine Balance halten zu können und über den Sitz des Reiters geschlossen zu bleiben. Aber auch das Überstreichen sollte nicht ruckartig, sondern in einer ruhig-fließenden Bewegung durchgeführt werden, um jede Irritation im Pferdemaul zu vermeiden. Damit das Nachgeben im Sinne eines Verstärkers wirken kann, ist der richtige Moment für diese Aktion enorm wichtig. Man muss sich als Reiter immer wieder vor Augen führen: Nachgeben verstärkt das, was das Pferd unmittelbar zuvor getan hat. Senkt es beispielsweise beim Herstellen der Zügelverbindung wie gewünscht den Kopf, muss umgehend nachgegeben werden, die Reiterfäuste müssen also entspannen. Kaut es ab – nachgeben. Kommt es bei einer annehmenden Zügelhilfe im Verlauf einer halben Parade zurück (verringert also sein Tempo oder wechselt wie gewünscht die Gangart) – nachgeben.

Keine Option ist dagegen nachgeben, wenn man anreiten, antraben oder angaloppieren möchte, zumindest nicht als auslösende Hilfe.

Häufig sieht man Reiter, die aber genau das tun. Sie geben erst einmal nach und wundern sich, warum das Pferd nicht das macht, was sie selbst gerade gedanklich vorhaben. Nun können Pferde keine Gedanken lesen, sondern lernen mit der Zeit, die Reiterhilfen bestimmten Aktionen zuzuordnen. Nachgeben war darin die Rückmeldung für „Gut gemacht", nicht die Aufforderung für „nach vorn gehen". Dafür gibt es die treibenden Hilfen! Sie werden bei solchen Aktionen immer zuerst gegeben, sind quasi das Gaspedal, der Auslöser fürs Anreiten, Antraben oder Angaloppieren. Erst in dem Moment, in dem das Pferd darauf reagiert, wird nach- und damit der entstehenden Vorwärtsbewegung Raum gegeben.
Ist es im Halten meist noch möglich, mit ruhigen Händen erst einmal abzuwarten, bilden in der Bewegung die treibenden Hilfen über Kreuz und Schenkel die Basis für die Druckveränderungen der Zügelfäuste. Nicht die Hand baut den Druck auf, sondern er entsteht durch die weiter vorfußenden Hinterbeine, die wiederum über die Schenkelhilfen aktiviert werden. Die Hand begrenzt und rahmt ein, die treibenden Hilfen bauen von hinten nach vorn auf.

Stichwort Schenkelhilfen:
Der ‚englischen' Reiterei wird ja häufig vorgeworfen, dass hierbei das Pferd andauernd mit den Schenkeln getrieben werden müsse. Hier handelt es sich allerdings um ein Missverständnis, denn Schenkelhilfen sind viel differenzierter zu betrachten und haben mit Dauerquetschen nichts gemein. Treiben übrigens ebenso wenig. Auch mit den Schenkeln hat der Reiter einen direkten Kontakt zum Pferd und kann seine Einwirkungen dort hinsichtlich Zeitpunkt, Intensität, Zeitspanne und Position ganz gezielt setzen.

002 In diesem Film sehen Sie den Zusammenhang Reiterfaust – Zügelwirkung.

Sämtliche Zügelhilfen sollten aus einem beweglichen Handgelenk und einer unverkrampften Faust heraus gegeben werden.

So nicht:

Ein ausbalancierter Sitz ist deshalb auch Voraussetzung für funktionierende Schenkelhilfen. Ein Reiter, der noch nicht in der Lage ist, sich federnd der Bewegung des Pferdes anzupassen, kommt schnell ins Klemmen, das heißt, er versucht, sich mit Knien und Oberschenkeln festzuhalten. Ein lockeres Mitschwingen ist somit nicht mehr möglich. Die Folge: Die Unterschenkel werden unruhig und flattern auf und zu. Dadurch erfährt das Pferd, ähnlich wie bei unruhigen Zügelfäusten, dauernd einen Wechsel zwischen vermeintlicher reiterlicher Einwirkung und deren Aussetzen. Diese ungewollten Einwirkungen und die Unmöglichkeit eines korrekten Timings machen für das Pferd keinen Sinn, werden irgendwann gar nicht mehr als Hilfen eingeordnet und führen, gemäß der systematischen Desensibilisierung, dazu, dass das Pferd darauf eben nicht mehr reagiert. Das Gleiche gilt übrigens für einen quetschenden Unterschenkel, zu dem manche Reiter neigen. Entweder, weil sie sich so im Sattel halten wollen, oder aber, weil sie Sorge haben, dass beim Lockern des Unterschenkels und beim Reduzieren des Drucks das Pferd stoppt. Das kann tatsächlich passieren, aber nur, weil das Pferd eben nicht via Aussetzen des Drucks, also nicht über negative Verstärkung gelernt hat. Ein Pferd ist immer ein Spiegel des Reiters und dessen Hilfengebung! Dauerquetschen mit den Schenkeln erzieht das Pferd zu Unselbstständigkeit, verhindert freiwilliges Vorwärtsgehen und stumpft das Pferd gegenüber der Schenkelhilfe mehr und mehr ab. Auch die Lage der Reiterschenkel am Pferderumpf hat Auswirkungen auf das Verstehen oder Nicht-Verstehen des Pferdes. Beide Schenkel weiter vorn oder weiter hinten, oder jeweils nur einer, das macht für die Reaktionen einen gewaltigen Unterschied. Weiter vorn, etwa in Höhe des Gurtes, wirkt das Bein über punktuelle Druckerhöhung vortreibend, ein wenig weiter zurück bei gleichzeitig punktueller Druckerhöhung seitwärtstreibend, noch ein wenig weiter zurück zunächst ohne Druckerhöhung verwahrend. Der verwahrende Schenkel wird, vereinfacht ausgedrückt, in dieser Postion verwahrt, bis er eventuell zum Einsatz kommt und er ein Ausweichen der Hinterhand zum Beispiel beim Angaloppieren oder in Wendungen verhindern soll. Ist der Reiter (noch) nicht in der Lage, seine Beine bewusst und zielgerichtet in den entsprechenden Positionen zu halten (unausbalancierter Sitz, schlecht angepasster Sattel u. Ä.), oder legt er aus Nachlässigkeit keinen Wert auf eine eindeutige Schenkellage, kann das Pferd ihm auch nicht die gewünschte Reaktion geben und auch nicht lernen, was genau es wann tun soll.

Hochgezogene Beine und steifer Sitz behindern das Vorwärts.

So geht's:

Im Gegensatz zur Zügelhilfe setzen die Schenkelhilfen neben der Druckveränderung auch auf Positionsveränderungen. An dieser Stelle wieder der Hinweis auf die Prinzipien von Hilfen! Auch Schenkelhilfen

Auf Dauerdruck reagieren Pferde mit Gegendruck, …

… auf kurze Imulse dagegen mit Ausweichen.

sollten eindeutig sein und, zum richtigen Zeitpunkt gegeben, auch wieder ausgesetzt werden, und sie dürfen dem Pferd keine Angst machen.

Eine gute Schenkelhilfe wird deshalb eher als Impuls gegeben, nicht als Dauerdruck. Das gilt sowohl für die vortreibenden, als auch für die seitwärtstreibenden Schenkelhilfen. Gerade bei Seitwärtsbewegungen wie dem Schenkelweichen oder den Seitengängen neigen manche Reiter dazu, ihr Pferd mit aller Kraft seitwärts quetschen zu wollen. Erstens lassen sich ein paar Hundert Kilogramm Lebendmasse auf diese Weise ziemlich schlecht bewegen, zweitens erzeugt Dauerdruck nur Gegendruck, und drittens verhindert das quetschende Bein ein lockeres Mitgehen in der Bewegung, der Reiter wird steif, das Pferd ebenso. Stattdessen gelten auch hier die lerntheoretischen Mechanismen und die darauf basierenden Prinzipien der Hilfen. Das hieße für den seitwärts treibenden Schenkel: einmal kurze Druckerhöhung hinterm Gurt – das Pferd macht einen Schritt, Tritt oder Sprung seitwärts – Druck kurz aussetzen – erneute Druckerhöhung und so fort. Die Intensität des seitwärts wirkenden Drucks richtet sich dabei nach der Sensibilität des Pferdes auf diese reiterliche Einwirkung. Auch hier gilt: Je besser das Pferd verstanden hat, in genau welchem Moment der Druck reduziert wird (in diesem Falle bei der Verhaltensantwort ‚seitwärts'), desto geringer kann der Druckimpuls ausfallen. Verstehen satt Quetschen, für Pferd und Reiter eindeutig die angenehmere Variante.

003 In diesem Film sehen und hören Sie eine kurze Erklärung zur Wirkung von Schenkelhilfen.

INDIVIDUALITÄT (AN)ERKENNEN

Nun könnte man ja annehmen, dass bei richtiger Anwendung all dieses Wissens und dieser Prinzipien jedes Pferd auch alles lernen kann. Allerdings stimmt dies nur bedingt. Lernfähigkeit und die Fähigkeit, Erlerntes auch umzusetzen, ist zum einen natürlich abhängig von den reiterlichen Fähigkeiten desjenigen, der im Sattel sitzt, zum anderen von den individuellen Voraussetzungen und Talenten jedes einzelnen Pferdes. Man kann zwar sagen, dass ein Pferd umso besser und schneller lernt, je besser sein Reiter ist. Den perfekten Reiter gibt es allerdings genauso wenig wie das perfekte Pferd. Auch jeder Reiter ist ein Lernender, und zwar sein Leben lang! Denn immerhin ist jedes Pferd anders und stellt jeden Reiter täglich vor neue Fragen und Herausforderungen.

Je erfahrener und technisch versierter ein Reiter ist, desto besser kann er sich diesen Herausforderungen stellen und Lösungen finden. Gerade Erfahrung ist hier oft ein guter Wegbereiter und kommt erst mit zunehmendem Alter. So mancher „alter Meister“ aus Vergangenheit und Gegenwart, der weise Geduld und Verständnis predigte/predigt, war als Jungspunt auch schon mal unbeherrscht und emotionsgeleitet, wenn es ums Reiten und Ausbilden ging.

Gleiche Lektion, unterschiedliche Optik, …

… abhängig vom Exterieur eines Pferdes

„Belügt Euch bei der Arbeit nicht selbst. Nicht derjenige, der ständig für die eigenen Fehler Ausreden findet, sondern derjenige, der stets unbeirrt der wirklichen Leistung gegenübersteht und mit echter Passion und Liebe zum Pferd durchhält, kann nach langer, mühevoller Arbeit dem angestrebtem Ideal nahekommen. Jeder wirkliche Reiter weiß, dass des Lernens kein Ende ist, und gerade diese Erkenntnis ist es, die ihn für sein Leben an die Reitkunst fesselt. Ihr sollt Eure Pferde lieben, ohne sie spielerisch zu verwöhnen. Bemüht Euch, in die Seele des Pferdes einzudringen, ohne sie vermenschlichen zu wollen. Meister kann nur derjenige werden, der nicht bloß körperlich, sondern auch geistig mit seinem Pferde zu harmonischer Einheit verwächst.“

(Richard L. Wätjen, 1891–1966)

Ein Pferd zu fördern, geht nun mal nicht über das bloße Drücken richtiger Knöpfe. Zunächst einmal müssen dieses „Knöpfe“ gut installiert, sprich vom Pferd verstanden, erlernt und verinnerlicht sein. Dann müssen sie vom Reiter entsprechend betätigt werden können. Und schließlich muss das Pferd auch in der Lage sein, die ihm gestellten Aufgaben zu erfüllen. Es gibt sicher zwei Gründe, warum auch ein Spitzenreiter oder Reitkünstler aus einem ‚normalen‘ Pferd kein Spitzenpferd machen kann, selbst wenn die Lernmechanismen für alle Pferde im Grunde gleich sind: Zum einen haben die meisten Spitzenreiter gar keine Lust, ihre Zeit mit solch ‚gewöhnlichen‘ Pferden zu vertun. Zum anderen können aber auch sie aus einem Smart keinen Ferrari machen. Natürlich wird ein Spitzenreiter ein Normal-Pferd besser reiten und ausbilden können, als es ein schwacher Reiter kann. Vielleicht ist er sogar in der Lage, noch ein wenig mehr aus dem Pferd herauszukitzeln, als eigentlich drin steckt. Aber auch er kann ein Pferd letztlich nur fördern, nicht aber dessen Qualtität verändern. Lernen und Umsetzen des Gelernten ist individuell nun mal eher unterschiedlich. Ein Pferd mit kurzen Beinen wird das Traversieren vermutlich lernen können, aber es wird dabei nie so weit kreuzen und überfußen können wie ein Pferd mit langen Beinen. Und es wird vermutlich auch niemals einen ausdrucksvollen Mitteltrab zeigen können, vor allem dann nicht, wenn es darüber hinaus noch eine steile Schulter hat. Aus einem eher kaltblütigen, massigen Pferd mit stampfenden Bewegungen wird man bei aller Dressurarbeit keinen leichtfüßigen Tänzer machen können. Das Gebäude mit seinen anatomischen Vorgaben lässt sich nun mal nicht verändern. Ebenso wenig verändern lässt sich das Interieur eines Pferdes, also sein Temperament. Aus einem eher gemütlichen Verlasspferd wird im Allgemeinen kein sportlicher Überflieger, aus einem ‚heißen Ofen‘ meist auch keine Schlaftablette. Das heißt natürlich nicht, dass der Reiter nicht trotzdem versuchen kann und soll, sein Pferd dressurmäßig zu fördern. Warum? Weil Dressur fürs Pferd da ist, nicht umgekehrt. Allein die Tatsache, dass Pferde als Reittiere eingesetzt werden, zieht die Forderung nach sich, sie in die Lage zu versetzen, diese Aufgabe auch körperlich erfüllen zu können. Ein Reitpferd aus falsch verstandener

„Mit den Schwächen unserer Pferde müssen wir geduldig sein, so lange, bis sie Schritt für Schritt dahin kommen, unsere Anforderungen zu erfüllen."

(Ernst Friedrich Seidler, 1798–1865)

Rücksichtnahme nicht zu fördern, wäre deshalb alles andere als pferdefreundlich. Ein Ziel des Dressurtrainings ist es eben auch, das Pferd athletischer zu machen. Athletisch im Sinne von durchtrainiert und körperlich fit. Allerdings muss ich mir als Reiter dabei immer wieder die Frage stellen: „Muss mein Pferd dies und jenes lernen, und kann es das überhaupt lernen?"

Die Fähigkeit, zu lernen, ist bei jedem Pferd nämlich unterschiedlich ausgeprägt. Die einen haben eine schnellere Auffassungsgabe, die anderen brauchen etwas länger zum Begreifen; die einen haben für diese Lektion viel Talent, die anderen für jene. Das ist – und hier sei die Vermenschlichung einmal erlaubt – nicht viel anders als bei menschlichen Schülern. Und die Stärken des Pferdes zu fördern, schwächt gleichzeitig seine Schwächen.

Selbst die Geschlechtszugehörigkeit kann Einfluss auf das Lernen und auf den Lernfortschritt haben. So sind viele Hengste aufgrund ihres Hormonspiegels und ihres daraus resultierenden natürlichen Hengst-Verhaltens häufig schneller durch Umwelteinflüsse abgelenkt, als beispielsweise Wallache. Wer immer unter ‚Hormon-Strom' steht, kann sich mit Losgelassenheit und Konzentration schon mal ein wenig schwerer tun und für das Erlernen der ein oder anderen Lektion auch schon mal ein wenig länger brauchen. Hormonelle Schwankungen können Stuten ebenfalls beeinträchtigen. In oder kurz vor der Rosse beispielsweise gelten manche Stuten als kitzelig und klemmig, dabei reagieren sie lediglich ihrer Natur entsprechend. Die treibende Schenkelhilfe kann bei ihnen wie das Vorspiel-Knabbern und Beißen des Hengstes missverstanden werden und die entsprechende Reaktion, also das bereitwillige und für den Deckakt notwendige Stehenbleiben, hervorrufen. Umgekehrt reagieren viele Stuten außerhalb der Rosse auf fehlerhafte Schenkelhilfen und Sporengepikse oft mit genervtem

„Der Ursprung des größten Teils der Widersetzlichkeit liegt nicht immer in der Natur der Pferde. Man verlangt zu oft Dinge von ihnen, die sie noch nicht zu leisten im Stande sind, man strengt sie zu sehr an und will sie zu geschickt machen. Dieser große Zwang macht ihnen die Arbeit verhasst, er ermüdet sie und verdirbt ihnen die Nerven und Sehnen. Oft sind sie zu Grunde gerichtet, wenn man gerade glaubt, sie zugeritten zu haben. Übersteigt das Maß oder die Art der Arbeit ihre Kräfte, bevor sie sich genügend gekräftigt haben, so greift man ihnen den Rücken und die Knie an und verdirbt sie auf immer."

(François Robichon de la Guérinière)

Fremde Umgebung – schon reagiert der junge Hengst entsprechend seiner Natur zunächst mit kerniger Unachtsamkeit.

Schweifpinseln oder gar Ausschlagen. Eine Stute, die für den Hengst nicht bereit ist, würde dessen Annäherungsversuche in der Leistengegend und am Bauch nämlich ebenfalls abwehren und abschlagen. Schnell urteilen die Reiter dann, die Stute (oder Stuten generell) sei schwierig und zickig. Dabei ist das Pferd in seinem natürlichen Verhalten auch hier nur wieder ein Spiegel seines Reiters und zeigt ihm, welche (Einwirkungs-)Fehler dieser gerade macht.
Je sensibler und feinfühliger ein Pferd, egal ob Hengst, Wallach oder Stute, desto deutlicher und klarer meldet es sich ‚zu Wort'. Häufig bleibt es dabei unverstanden, wird stattdessen weiter getriezt und womöglich noch gestraft, bis es irgendwann den Spaß an der Mitarbeit verliert und entweder resigniert oder gegen den Reiter ankämpft.
Zu lernen und ausgebildet zu werden, sollte jedem Pferd Spaß machen. Geht dieser Spaß verloren, wird sich auch der Lernerfolg nicht einstellen. Es ist Aufgabe des Reiters, sich und seine Aktionen im Sattel immer wieder zu hinterfragen, sich (selbst) und sein Pferd kritisch einzuschätzen und gegebenenfalls auch die eigenen Grenzen oder die des Pferdes zu akzeptieren. Man kann immer versuchen, einen Schritt darüber hinauszugehen und sich und sein Pferd noch zu verbessern, solange dies nicht in Überforderung ausartet. Dabei ist aber nicht jeder Schweißtropfen am

Spaß an der Arbeit sollte Pferd und Reiter immer anzusehen sein. Pluvinel hätte hier seine Freude.

Pferdehals oder jedes intensive Training gleich Überforderung. Überforderung fängt vielmehr dort an, wo das Pferd weit über seine körperlichen und/oder psychischen Grenzen hinaus geritten oder besser gesagt traktiert wird. Erinnern wir uns an den Exkurs zum Thema Strafe: Überforderung verursacht Stress und, vor allem in Verbindung mit Schmerz, auch Angst und verhindert somit eine harmonische Kommunikation zwischen Pferd und Reiter. Lernen gelingt so nicht.

LERNEN – ÜBEN – TRAINIEREN

Der Reiter darf nicht immer nur das mit seinem Pferd üben, was nicht klappt, sondern muss in seine Arbeit auch immer wieder die Dinge einbauen, die gut funktionieren und Lob oder gar Belohnung nach sich ziehen können. Nur so lässt sich ein positives Lernklima und damit auch die Motivation zur weiteren Mitarbeit erhalten. Um mit einem

„Das Pferd muss Freude an der Arbeit haben. Ohne die werden weder das Pferd noch der Reiter jemals anmutig sein."

(Antoine de Pluvinel, 1555–1620)

Pferd zu arbeiten und es auf seinem Weg, wo immer dieser auch hinführen mag, weiterzubringen, sollte man sich als Reiter dabei mit ein paar Grundsätzen der Trainingslehre vertraut machen, um sich und vor allem auch seinem Pferd gerecht werden zu können. Häufig hört man nämlich schon von Anfängern, dass sie einen „Trainer" haben, oder von Pferdebesitzern, dass sie ihr junges Pferd „trainieren". Oder auch, dass jemand mit seinem Pferd eine Lektion übt, die das Pferd (und vermutlich auch der Reiter) noch gar nicht beherrscht. Von Training kann hier aber (noch) gar keine Rede sein.

Verlassen wir an dieser Stelle einmal die Ausbildung des Pferdes und beschäftigen uns kurz mit der (sportlichen) Ausbildung des Menschen und dem damit verbundenen Bewegungslernen. Im Normalfall kann ein Sportler wie (fast) jeder andere Mensch gehen, laufen und springen. Eine neue und ganz spezielle und sportartspezifische Bewegung muss er jedoch trotzdem erst einmal erlernen. Das Lernen steht damit an erster Stelle einer ganzen Lernkette, die letztlich über weitere Schritte zur Optimierung des Gelernten und zum Können führt.

Nehmen wir als Beispiel den Korbleger beim Basketball. Laufen, springen und werfen kann eigentlich jeder. Dann kann der Korbleger, also anlaufen, hochspringen, werfen (und möglichst treffen), ja eigentlich auch nicht schwer sein. Und trotzdem klappt es nicht auf Anhieb, und manche lernen es sogar nie richtig. Der Sportler muss diesen Bewegungsablauf – das Dribbeln und die Ballführung, die Schrittfolge, das In-die-Tiefe-Gehen, das Sich-in-die-Höhe-Stemmen, die Arm- und Handbewegung – nämlich erst erlernen. Er bekommt hierfür Anweisungen, probiert aus, schaut sich Skizzen und Filme an, macht sich Gedanken, probiert wieder aus. Und zwar so lange, bis der fremde Bewegungsablauf so halbwegs klappt. Bei diesem Prozess bilden sich, das belegt die Neurowissenschaft, im Hirn neuronale Netze mit neuen Verknüpfungen von Körperempfinden (Sensorik) und Motorik. Hirn und Körper lernen.

Sein Pferd in der Arbeit zu loben, sollte für jeden Reiter eine Selbstverständlichkeit sein.

Das Wiederholen und Üben dieses neu Gelernten ist aber nun wichtig, diese neuronalen Verknüpfungen dauerhaft zu bilden. Aus der menschlichen Hirnforschung weiß man hier auch, dass vollständige oder lohnende Pausen die Bildung dieser Verknüpfungen fördern und Lernen damit nachhaltiger und schneller machen.

Erst wenn ein neuer Bewegungsablauf also zunächst gelernt und danach geübt wurde, kann man im Weiteren von Trainieren sprechen, also der Optimierung und Zusammenführung von Bewegungsabläufen zur Leistungssteigerung auch hinsichtlich morphologischer, metabolischer, funktioneller und psychischer Anpassungen. Dazu müssen dann, aber erst dann, Belastungsreize gesetzt werden, die immer wieder ein wenig über die Grenze hinausgehen. Bis hierhin gilt diese Lernkette eigentlich für Menschen und Pferde vergleichbar. Beim Menschen kommen jedoch noch Verstehen und Selbstkorrektur hinzu, also die Fähigkeit zur Reflexion. Dazu ist ein Pferd nicht in der Lage, das übersteigt die Kapazität seines Hirns. Auch die Zahl der Nervenzellen im Gehirn ist beim Pferd niedriger als beim Menschen, sodass es hier vermutlich auch länger dauert, neue und nachhaltige neurologische Verknüpfungen zu bilden.

Den fliegenden Galoppwechsel unter dem Reiter muss ein Pferd erst lernen.

Wer mit einem Pferd also arbeitet – ganz gleich ob am Boden, vom Sattel aus, beim Dressur-, Spring- oder Westerntraining, sollte sich zum einen diese Lernkette und die Bedeutung der einzelnen Schritte immer wieder vor Augen führen. Zum anderen sollte er das Pferd aus besagten Gründen, aber auch aus Fairness, nicht an menschlichen Maßstäben messen. Natürlich kann ein Pferd – um hier grob die Parallele zum Korbleger zu ziehen – auf der Weide links- und rechtsherum galoppieren und dabei auch fliegend den Galoppsprung wechseln. Das heißt aber noch nicht, dass es das auch unter dem Reiter auf Hilfe an einem vor-

Im Freilauf springt jedes Pferd im Galopp spielerisch fliegend um.

gegebenen Punkt und einer bestimmten Form entsprechend auch so einfach und vorbildlich machen kann.
Und da das Pferd weder mündlichen Erklärungen seines Ausbilders folgen, noch Skizzen oder Filme verstehen kann, wird es deshalb auch für das Lernen dieses speziellen Bewegungsablaufes unter dem Reiter möglicherweise etwas länger brauchen als der talentierte Basketballer. Damit ist das Pferd nicht unbedingt als dumm zu bezeichnen, wie so manch ungeduldiger Reiter manchmal schimpft.
Im Gegenteil – Pferde können Reiterhilfen auch generalisieren, also verallgemeinern. Das, was sie bei dem einen Reiter gelernt haben, können sie zunächst einmal auch bei einem anderen Reiter abliefern, wenn auch vielleicht nicht in der gleichen Qualität. Und sie können die Differenzierung unterschiedlicher reiterlicher Einwirkungen spüren, verstehen lernen und umsetzen.
Wissenschaftliche Studien aus Japan und Österreich belegen sogar, dass Pferde offenbar in der Lage sind, menschliches Handeln zu beobachten, einzuschätzen und ihr Verhalten darauf abzustellen. Angesichts der ihm weniger zur Verfügung stehenden geistigen Kapazitäten ist das Pferd vermutlich sogar schlauer als man glaubt. Wie sonst könnte es überhaupt so viel lernen?

TYPISCHE SITUATIONEN
— *besser bewältigen*

PROBLEME UND LÖSUNGSVORSCHLÄGE

So manches Kommunikationsproblem zwischen Pferd und Mensch entsteht, weil der Reiter falsch agiert oder reagiert und dem Pferd somit das Falsche vermittelt hat. Macht er diese Fehler häufiger, lernt auch das Pferd in die falsche Richtung.

Es gibt jede Menge Situationen beim Reiten, die nicht so ablaufen, wie es sich der Reiter vorgestellt hat. Das Pferd scheut, es klebt an anderen Pferden, es ist nervös oder träge, es reagiert nicht auf die Reiterhilfen, es ist ständig auf der Flucht, es lässt sich schlecht stellen und biegen, es macht Lektionsfehler. Die Liste ließe sich schier unendlich erweitern. Neben diesen typischen Situationen gibt es allerdings genauso viele typische Reiter-Reaktionen. Die meisten davon sind nicht nur falsch, sie verschlimmern die Probleme nur. Was tun? Zunächst einmal muss sich der Reiter immer wieder drei grundsätzliche Fragen stellen:

1. Hat mein Pferd hier gerade seinem natürlichen Verhalten entsprechend agiert?
2. Hat mein Pferd mich bzw. meine Hilfengebung verstanden/missverstanden?
3. Ist mein Pferd zur Lösung der Aufgabe in der Lage?

Erst auf der Basis der zu diesen Fragen passenden Antworten kann der Reiter, vorausgesetzt er verfügt neben den notwendigen reiterlichen Fertigkeiten auch über das Wissen um die Zusammenhänge, angemessen reagieren. Im Folgenden einmal eine Zusammenstellung einiger typischer Situationen samt Analysen falscher und Vorschlägen für richtige Reaktionen des Reiters.

KLEBEN

SITUATION

Vor allem junge Pferde, aber auch solche, die vornehmlich das Abteilungsreiten gewohnt sind (Verleihbetriebe, Ferienhöfe), neigen dazu, auch unterm Sattel an ihren Artgenossen zu „kleben". Bewegen sich die anderen Pferde weg und lassen ihren ‚Kumpel' allein, reagieren viele solcher Pferde häufig mit Unruhe, Unsicherheit bis hin zu Widersätzlichkeit gegenüber den Wünschen des Reiters. Sie wollen nicht von der Gruppe weg oder stürmen bei nächster Gelegenheit hinter den anderen her.

ANALYSE

Dieses Verhalten entspricht dem angeborenen Bedürfnis von Pferden nach Zugehörigkeit zu einer Gruppe/Herde. Das Verhalten richtet sich nicht gegen den Reiter, sondern ist aus der Sicht des Pferdes notwendig, um sicher und geborgen zu sein/zu bleiben. Dass es auch allein geht – zumindest vorübergehend –, muss ein Pferd erst lernen.

REITERREAKTION

Falsch: Das Pferd einfach machen zu lassen, denn dann lernt es erstens das Alleinsein nie, und zweitens lernt es, seine Bedürfnisse über die des Reiters zu stellen. Ebenso falsch wäre es jedoch, das Pferd mit Gewalt (Schläge vom

Ein zum Kleben neigendes Pferd kann man nur nach und nach daran gewöhnen, …

Sattel oder vom Boden aus) von den anderen Pferden wegtreiben zu wollen. Dies würde die Unsicherheit des Pferdes verstärken und gegebenenfalls auch noch Angst hervorrufen – beides keine guten Begleiter für das Erlernen einer neuen Situation (hier das Alleinsein) und zu allem Übel damit oft Auslöser für immer stärkeres Kleben.

Richtig: Am besten wäre es natürlich, das Pferd hätte schon im Fohlenalter auf pferdegerechte Weise gelernt, dass vorübergehendes Alleinsein kein Grund zur Panik ist. Ist dies in der frühen Ausbildung nicht geschehen und neigt es als Reitpferd zum Kleben, macht es Sinn, es nach und nach an die ungeliebte Situation des Alleinseins zu gewöhnen (Stichwort Desensibilisierung). Das kann auf vielfältige Weise geschehen, setzt aber immer einen oder mehrere Helfer voraus.
So könnten zum Beispiel drei Reiter gemeinsam in der Halle oder auf dem Platz neben- oder hintereinander reiten (der Kleber in der Mitte) und einer verlässt dann kurz die Gruppe, um auf den Zirkel abzuwenden und danach wieder dazuzustoßen. Wechselnd ‚verschwindet' mal das eine, mal das andere Pferd. Dann bleiben die beiden Sicheren vielleicht mal stehen, während der Kleber ein paar Schritte weitergeht. Bevor er stockt oder sich umdrehen will, holen die beiden anderen wieder auf. Dieses Spielchen so lange machen, bis der Kleber weniger zögert, allein weiterzugehen. Dann vielleicht mal den Kleber in eine Volte oder später auf einen Zirkel abwenden und von den anderen entfernen und

dabei auch mal die Hand wechseln und aus der anderen Richtung an den anderen Pferden vorbeireiten. Dies verhindert oft, dass der Kleber im vollen Galopp zu den anderen aufschließt. Sich dann immer häufiger aus der Gruppe lösen und eigene Linien reiten, immer noch mit Blick auf die beiden anderen Pferde. Im nächsten Schritt könnte erst das eine, dann das zweite Pferd das Viereck/den Platz verlassen. Perfekt wäre es, wenn die anderen zunächst in Sichtweite bleiben würden, vielleicht auf einem Nachbarviereck oder einfach außerhalb der Umgrenzung. Regiert der Kleber entspannt, würde man im nächsten Schritt erst das eine, dann das zweite Pferd ganz entfernen. Wird der Kleber nervös, nicht warten, bis die Situation eskaliert und er den anderen folgen will, sondern mindestens ein Pferd kurz wieder aufs Viereck holen.

Auf diese Weise kann das Pferd nach und nach lernen, nicht mehr (auf das Alleinsein unter dem Reiter) instinkthaft zu reagieren. Wirklich gelernt hat es, wenn es auch in anderen Situationen und in einem anderen, fremden Umfeld (z. B. im Gelände) nicht mehr an anderen klebt.

Zugegebenermaßen ist eine derartige Verhaltenskorrektur für Reitanfänger schwierig und kaum machbar, da sie reittechnisch mit der Situation überfordert sind. Hier muss ein erfahrener Reiter oder Ausbilder über einen längeren Zeitraum Pferd und Reiter helfen.

... dass andere Pferde den Platz verlassen und es irgendwann ganz allein auf dem Vieeck oder in der Halle ist.

SCHEUEN

SITUATION

Pferd und Reiter traben entspannt durch den Wald oder übers Viereck, und plötzlich dreht sich das Pferd auf dem Absatz um. Oder es bremst aus vollem Lauf und starrt ein vermeintliches Ungeheuer an, bevor es sich umdreht und losrennt. Oder aber es schielt auf dem Viereck immer wieder mit einem Auge irgendwohin und drängt vom Hufschlag weg nach innen. Es scheut.

ANALYSE

Die Reaktion Scheuen kann mehrere Ursachen haben, sie alle basieren aber auf der Tatsache, dass ein Pferd ein Fluchttier ist. Um sich in die Lage zu versetzen, bei Bedarf schnellstmöglich reagieren zu können, wird ein Pferd seinen Kopf anheben (besserer Überblick über die Situation) und seine Muskeln anspannen (Verkürzung der eventuell notwendigen Reaktionszeit). Aus dieser Haltung heraus kann es schnell und umgehend fliehen und sich in Sicherheit bringen. Eine Instinkthandlung, die in freier Wildbahn das Überleben sichert.

Je nach Ausprägung dieses Instinktes kann die Reaktion des scheuenden Pferdes ein wenig unterschiedlich ausfallen. Während das eine, etwas selbstbewusstere und neugierige Pferd erst einmal stockt, schaut und sich dann vielleicht schon wieder entspannt, weicht das andere beim Vorbeigehen eher seitlich aus, das unsichere und schreckhafte nimmt lieber gleich seine Beine in die Hand und stürmt davon. Manche Angstauslöser liegen auf der Hand oder auf der Bande (typisch die dort abgelegten Winterdecken), andere scheinen gar nicht zu existieren. Vielleicht aber hat der Reiter etwas nicht bemerkt, was das Pferd mit seiner guten Fähigkeit zur Fernsicht gesehen hat. Oder es hat in der Ferne mit seinen in beinahe alle Richtungen beweglichen und damit sehr leistungsfähigen Ohren etwas gehört, was nicht ins Bewusstsein des Reiters gedrungen ist. Die Reaktion Scheuen, in welcher Ausprägung auch immer, entspricht ebenso wie Kleben der Natur des Pferdes und richtet sich nicht gegen den Reiter – auch wenn den Menschen das Scheuen ärgert und es ihm überflüssig vorkommt.

Aus dieser (scheuenden) Körperhaltung könnte ein Pferd blitzschnell die Flucht ergreifen.

REITERREAKTION

Falsch: Viele Reiter neigen dazu, ihr Pferd fürs Scheuen zu strafen. Das ist, gelinde gesagt, eine sehr, sehr dumme Idee. Scheuen entspringt dem Fluchtinstinkt, körperlicher Schmerz würde ebenfalls Fluchtverhalten hervorrufen. Das Pferd würde unter körperlichem Schmerz und übermäßigem Druck aus Selbstschutz also noch mehr auf Flucht setzen, Angst/Flucht vor dem Auslösereiz und Angst/Flucht vor der reiterlichen Einwirkung. Statt das Pferd am Scheuen zu hindern, würde der Reiter mit Grobheit und Strafen nur noch mehr Unsicherheit und damit mehr Scheuen schaffen und in einen Teufelskreis geraten.

Technisch und auch körperlich starke Reiter versuchen dagegen oft, ihr Pferd an der brenzligen Situation mit extrem kurzen Zügeln sowie der Kraft ihres Sitzes und ihrer Einwirkung vorbeizuquetschen. Sie unterbinden den natürlichen Drang des Pferdes und kommen auf diese Weise zunächst oft auch zum Ziel. Das Problem beim reinen Unterbinden des Fluchtverhaltens ist jedoch, dass das Pferd dabei nicht lernt, mit angstauslösenden Außenreizen umzugehen. Es baut kein Vertrauen in sich, in die Situation oder den Reiter auf, es gehorcht nur in dieser einen Situation diesem einen Reiter. Unter einem weniger versierten Reiter oder in einer extremeren Situation entlädt sich das fehlende Vertrauen dann oft in einer Über(flucht)reaktion. Festbeißen, Durchgehen – das gibt es nicht nur bei überforderten Anfängern, das gab es sogar schon bei internationalen Spitzenreitern in der Ehrenrunde.

Pferde sehen Bewegung in der Ferne oft früher als ihre Reiter.

Richtig: Erst einmal ganz ohne Druck in Ruhe schauen lassen.

Zögerlich, aber nicht panisch. In einer solchen Situation einfach mal kurz abwarten und dann wieder anreiten.

Richtig: Wie der Mensch mit dem Scheuen des Pferdes umgeht, hat maßgeblichen Einfluss darauf, ob das Pferd nach und nach lernt, sich an fremde Situationen zu gewöhnen, seinem Reiter zu vertrauen und in vermeintlich kniffeligen Momenten entspannt zu bleiben. Am besten ist es, wenn umsetzbar, selbst so wenig wie möglich zu reagieren und vor allem seine eigene Körperspannung nicht zu erhöhen. Das ist natürlich einfacher gesagt als getan, vor allem dann, wenn das Pferd besonders heftig scheuend reagiert und unkontrolliert wegstürmen will. In einer solchen Situation muss der Reiter allein schon um seiner Sicherheit willen einwirken und es daran hindern. Zeigt sich das Scheuen lediglich in Stocken, kurzem Zur-Seite-Springen oder seitlichem Ausweichen, ist Ruhe bewahren dagegen die bessere Alternative.

Stocken: Hier macht es Sinn, erst einmal abzuwarten und dem Pferd die Zeit zu geben, sich die Situation kurz anzuschauen. Spürt man, dass sich seine Muskelanspannung wieder reduziert, kann man es zum Weitergehen auffordern.

Wegspringen/Ausweichen: Möglichst nicht versuchen, das Pferd mit dem Kopf in die Richtung des vermeintlichen Gespenstes zu stellen. Stattdessen bei leichter Druckerhöhung des inneren Schenkels am Gurt den äußeren Zügel so lose wie möglich lassen und das Pferd absichtlich zu viel nach innen

stellen und so ein Ausweichen über die äußere Schulter verursachen. Was man beim Training sonst nicht möchte, ist hier sehr hilfreich, denn das Pferd ‚driftet' auf diese Weise automatisch in Richtung des Angstauslösers, es kann gar nicht anders. Der Vorteil: Es nähert sich der besagten Stelle, ohne dass der Reiter es dazu zwingt. Dabei ist es zunächst unwichtig, ob man gleich auf dem gewünschten Hufschlag landet oder noch ein wenig Abstand zum Auslöser hat. Runde für Runde wird sich das Pferd stressfrei durch das Driften nähern, bis es gar nicht mehr reagiert (Prinzip Desensibilisierung).
Wichtig ist hierbei, dass der Reiter sich bemüht, seine eigene Körperspannung nicht oder so gut wie nicht zu erhöhen. Warum? Plötzliche Erhöhung der Muskelspannung ist für das Herdentier Pferd gleichbedeutend mit Erhöhung der Aufmerksamkeit und damit ein Hinweis auf eine mögliche Gefahr. Zeigt der Herdenchef in freier Wildbahn dieses Verhalten, kommt es einem Alarmsignal gleich. Alle anderen Tiere der Herde spannen sich umgehend ebenfalls an, um notfalls so schnell wie möglich die Flucht ergreifen zu können. Erst wenn das Leittier sich wieder entspannt, den Kopf senkt und weitergrast, entspannen sich auch die anderen. Auf die Kommunikation Reiter-Pferd bezogen heißt das, dass Anspannung/Verkrampfung des Reiters auch Anspannung/Verkrampfung beim Pferd hervorrufen wird. In menschliche Gedanken übersetzt wäre das etwa: „Aha, mein Reiter hat die Gefahr auch erkannt. Also weiterhin alarmbereit bleiben!" Schafft es der Reiter dagegen, möglichst unbeteiligt zu wirken, wird sich auch das aufs Pferd übertragen und für Entspannung sorgen.
Der große Vorteil: Pferde, die auf diese Weise gelernt haben, sich auf den Reiter zu verlassen, bauen Vertrauen in die Führung durch den Reiter auf und werden so auf Dauer immer entspannter. Je nach Temperament und Typ kann eine solche Verhaltensänderung eine Frage von ein paar Runden sein – oder auch von Tagen, Wochen und Monaten. Auch hier ist wieder die Geduld des Reiters ausschlaggebend für den Erfolg. Wie bei allem in der Reiterei wird Geduld aber früher oder später belohnt.

004 In diesem Film sehen Sie, wie das „Driften" funktioniert.

Über zu viel Innenstellung bei fehlendem äußeren Zügel driftet das Pferd Richtung Angstauslöser.

ANREITEN / ANTRABEN

SITUATION

‚Festgemauert in der Erden ...' – gemäß dieser ersten Zeile aus Friedrich Schillers ‚Lied von der Glocke' verhalten sich manche Pferde, wenn ihre Reiter doch eigentlich nach vorn wollen. Statt umgehender Reaktion nach vorn bleiben die Pferde trotz Hilfengebung des Reiters erst einmal stehen oder bewegen sich nur zögerlich.

ANLAYSE

Sturheit? Dummheit? Bequemlichkeit? Mitnichten. Ein Pferd reagiert immer so auf eine Reiterhilfe, wie es glaubt, darauf reagieren zu sollen. Es ist hier also (mal wieder) nicht das Pferd, das falsch reagiert, sondern der Reiter, der offenbar ein falsches Signal gesetzt hat.

REITERREAKTION

Falsch: Fehler beim Anreiten/Antraben gibt es viele. Ganz obenan steht das Nachgeben im falschen Moment. Nachgeben ist nämlich keine treibende Hilfe und fordert das Pferd deshalb auch nicht auf, sich nach vorwärts zu bewegen. Nachgeben ist, wie bereits mehrfach betont, das Nachlassen einer Druckerhöhung und damit die rückmeldende Verstärkung für etwas, was das Pferd unmittelbar vorher getan hat – in diesem Falle das Halten. Gibt der Reiter also als Erstes nach, wird die Antwort des Pferdes nicht das Losmarschieren sein. Stattdessen bleibt es stehen und macht aus seiner Sicht damit auch alles richtig. Nun erst folgt bei einigen Reitern die treibende Hilfe, auf die das Pferd dann meist zögerlich (weil ein wenig verunsichert) reagiert, sich erst lang macht und dann gemächlich nach vorn geht. Manchen Reitern reicht das Zögern, Hauptsache sie kommen vorwärts. Nach einigen Wiederholungen stellt sich dadurch ein Lernerfolg ein, allerdings in die falsche Richtung, denn das Pferd wird weiterhin nur zögerlich antreten und mehr und mehr ‚auseinanderfallen'.

Andere Reiter versuchen, statt mit der treibenden Schenkelhilfe zum Anreiten die Gewichtshilfe mit einzusetzen, was im Grunde nicht verkehrt wäre, wenn diese Hilfe korrekt gege-

01 Hier die falsche Reihenfolge: Zum Anreiten gibt die Reiterin ...

02 ... zuerst nach, kippt nach vorn, das Pferd zögert.

01 Stimmen die Hilfen des Reiters, …

02 … klappt auch das Antraben vom Fleck weg.

ben würde. Oft sieht man jedoch Reiter, die mit ihrer Hüfte ruckartig vor- und zurückschaukeln und hüpfen, um so ihr Pferd in Bewegung zu bringen. Abgesehen davon, dass das Pferd überhaupt nicht versteht, was es soll, wird es von dem Geschaukel sogar noch unangenehm im Rücken gestört und könnte, statt, wie gewünscht, mit Vorwärts, mit Widersetzlichkeit reagieren. Was also tun?

Richtig: Die treibenden Hilfen stehen immer an erster Stelle, wenn es darum geht, ein Pferd zu bewegen bzw. zu korrigieren. Sie sind quasi

005 In diesem Film erfahren Sie etwas über die Reihenfolge der Hilfen beim Antraben.

03 Als es letztlich auf Sporeneinsatz antrabt, fällt es aus dem Rahmen und macht sich lang.

das Gaspedal, das, einmal kurz betätigt, den Vorwärtsimpuls hervorruft. Nicht umsonst heißt es, der ‚Motor des Pferdes ist hinten'. Letztlich sind es nämlich die Hinterbeine, die so gewinkelt werden können, dass sie die restliche Körpermasse nach vorwärts und bei Bedarf auch nach aufwärts bewegen können. Um losreiten zu können, muss der Reiter deshalb zunächst nach vorn in die Zügelverbindung hineintreiben. In die Verbindung, um den Rahmen des Pferdes – wir reden hier ja von dressurmäßiger Gymnastizierung – zu erhalten, es also weiterhin durchs Genick und über den Rücken reiten zu können. Das erwünschte Nachgeben folgt dann genau in dem Moment, in dem das Pferd die Vorwärtsbewegung beginnt, bzw. sich schon beinahe im Vorwärts befindet. Damit gibt der Reiter dem Pferd nicht nur die Rückmeldung ‚alles richtig gemacht', sondern dem Schritt, Tritt oder Sprung auch den notwendigen Raum, um sich entwickeln zu können.

TRIEBIGKEIT

SITUATION

Manche Pferde gelten als triebig und faul. Gibt der Reiter eine vortreibende Schenkelhilfe, bleibt die gewünschte Reaktion aus. Und auch die folgenden zwei, drei oder vier

Falsches Treiben führt zu Nicht-Verstehen beim Pferd, zu Undurchlässigkeit und auf Dauer zu Triebigkeit.

Schenkelhilfen wecken das Pferd nicht aus seinem Trott. Häufig wird nun noch die Gerte benutzt, bis irgendwann die Gerte von Anfang an und mit jeder Aufforderung nach mehr Fleiß und Tempo ihren Einsatz findet. Doch das Pferd ist immer noch faul oder wird sogar immer fauler. Dabei wäre es spätestens jetzt an der Zeit, die vortreibende Schenkelhilfe ohne Wenn und Aber neu zu etablieren.

ANALYSE

Natürlich gibt es gehfreudige und weniger gehfreudige Pferde. Wirklich faul jedoch sind Pferde in den seltensten Fällen, schon allein deshalb nicht, weil Faulheit inhaltlich und sprachlich eher eine menschliche Eigenschaft beschreibt. Die Aufgabe des Reiters ist es also, die Gehfreude seines Pferdes zu erhalten oder zu wecken. Wer über Triebigkeit schimpft, sollte zunächst einmal in sich gehen und Ursachenforschung betreiben. Sitzt der Sattel richtig? Ein zu enger oder nicht im Schwerpunkt sitzender Sattel kann bereits ausreichen, dem Pferd jegliche Vorwärtsbewegung zu verleiden. Wer das nicht glaubt, kann ja mal versuchen, längere Zeit mit Schuhen herumzulaufen, die mindestens zwei Nummern zu klein sind. Sitzt der Reiter richtig? Ein unausbalancierter Sitz, Herumhopsen im Pferderücken, klappende Unterschenkel, unruhige Zügelfäuste, ungenaue Hilfengebegung, jedes für sich kann den Vorwärtsdrang eines Pferdes negativ beeinflussen und ausbremsen. Hat das Pferd Schmerzen und möchte sich deshalb nur ungern bewegen? All dies sind Fragen, die zunächst einmal geklärt werden müssen, bevor der Reiter weiter aktiv wird.

REITERREAKTION

Falsch: Es gibt zwei ganz typische Reaktionen bei Reitern triebiger Pferde. Entweder sie addieren ihre Schenkelhilfen, halbherzig, zart und immer bemüht, ihrem Vierbeiner nur nicht weh zu tun. Oder sie rüsten nach und nach auf mit immer mehr Gerteneinsatz und längeren und schärferen Sporen. Beides

Sporengepikse stört mehr, als es nutzt.

bringt weder Pferd noch Reiter weiter, denn das Einzige, was hierdurch passiert, ist Abstumpfung im Sinne systematischer Desensibilisierung. Das Pferd lernt, dass ein inkonsequentes Schenkelklopfen oder ein zartes Piksen des Sporns offenbar keine Antwort erfordert – was dazu führt, dass der Reiter weiter klopft und weiter pikst. Irgendwann hat das Pferd den Ruf weg, faul zu sein, dabei war es der Reiter selbst, der ihm beigebracht hat, auf diese Einwirkungen nicht mehr zu reagieren. Sensible, aber vielleicht etwas unsichere Reiter fügen sich in dieses Schicksal, grobe Reiter intensivieren ihren Sporneinsatz und treten ihrem Pferd brutal in die Seite. Abgesehen davon, dass dies aus ethischen Gründen abzulehnen ist, reagieren die meisten Pferde hier auch genau gegenteilig: Sie verspannen, um instinktiv ihre inneren Organe zu schützen, unter heftigen Sporenstichen massiv ihre Bauch- und Rumpfmuskulatur und halten dabei die Luft an. Das wiederum verhindert Vorwärtsgehen.
Falsch wäre auch, auf jede ausbleibende Reaktion auf die Schenkelhilfe sofort mit einer unterstützenden Gertenhilfe zu reagieren, denn hierauf würde sich ebenfalls irgendwann Gewöhnung einstellen mit der Folge, dass immer häufiger, immer früher und immer

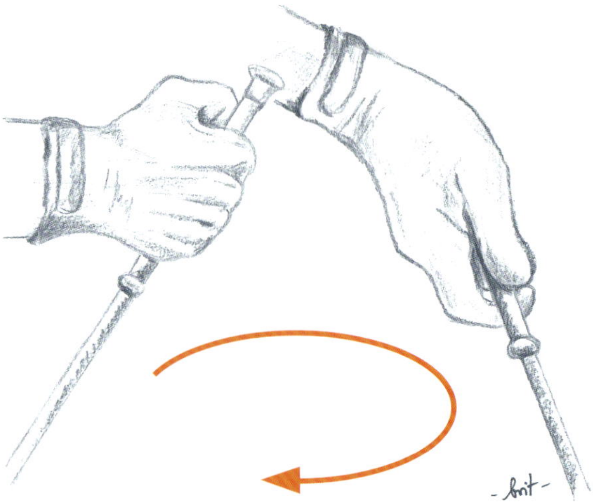

Durch das Umgreifen kann das Zischgeräusch besser hervorgerufen werden.

heftiger die Gerte zum Einsatz käme. Kein schönes Reiten und auch nicht im Sinne des Begreifens von Schenkelhilfen sinnvoll.

Richtig: Entsprechend den auf Seite 48 beschriebenen Hilfenprinzipien muss der Reiter versuchen, sein triebiges Pferd – vorausgesetzt er hat in seiner Selbstanalyse alle Hindernisse erkannt und abgestellt – auf die vortreibende Hilfe zunächst einmal wieder zu sensibilisieren. Beim Versuch, ein wenig mehr Vorwärts zusammen mit einem etwas tieferen Einsitzen (Kreuzeinwirkung) über einen Schenkelimpuls zu erhalten, gibt er hierzu zunächst einen normal dosierten, ‚freundlichen' Impuls. Reagiert das Pferd mit Vorwärts, ist alles gut und das aktive Treiben (via Impuls) wird ausgesetzt, der Reiter treibt lediglich passiv via Gewichtshilfen und der natürlichen Schenkellage, bei der sich das Pferd über seine dreidimensionale Körperbewegung das Treiben quasi ‚selbst abholt'.
Reagiert das Pferd nicht, dann muss die zweite Hilfe in 100-prozentiger Intensität gegeben werden. Im korrekten Richtlinien-Sprachgebrauch hieße das: Der Reiter gibt eine energische, beidseits vortreibende Schenkelhilfe. Auf gut Deutsch und vielleicht noch ein bisschen klarer: Er gibt seinem Pferd im übertragenen Sinne einen zackigen Tritt in den Hintern! Auch hier gilt: Reagiert das Pferd wie gewünscht mit Vorwärts, ist alles gut und der Reiter reduziert seine Einwirkung sofort wieder. Reagiert es nicht, würde es nun aber nicht helfen, wieder und wieder mit dem Schenkel so massiv zu sein, denn auch dann könnte es – diesmal eher dem Prinzip Reizüberflutung folgend – zu einer nicht gewollten Gewöhnung kommen. Stattdessen muss jetzt die Gerte hinzukommen. Aber Vorsicht! Es geht nicht um Strafe, sondern um Sensibilisierung. Das Pferd soll keine Angst vor dem Reiter und seinen Aktionen bekommen, es soll wieder verstehen, was diese bedeuten und wie es darauf reagieren soll. Bezogen auf die Gerte gibt es hier einen Trick, der bei den meisten Pferden funktioniert und eben nicht mit Angst oder Schmerz einhergeht: das Zischen. Hierzu nimmt der Reiter seine Zügel in die eine, die Gerte in die andere Hand. Die Einhändigkeit ist wichtig, um das Pferd bei der Aktion der gertenführenden Hand auf keinen Fall im Maul zu stören. Mit der Gertenhand greift der Reiter nun um (siehe Zeichnung), da sich aus dieser Position das Zisch-Geräusch besser hervorrufen lässt, ähnlich wie beim Führen einer Longierpeitsche. So vorbereitet wird am Anfang einer langen Seite (wichtig, damit das Pferd auch Platz hat, sich zu bewegen, und nicht gleich durch eine Kurve wieder ausgebremst wird) zunächst ein ‚normal freundlicher', vortreibender Schenkelimpuls zum Anreiten bzw. zur Tempoerhöhung gegeben. Bleibt die Reaktion des Pferdes aus, zischt der Reiter zusammen mit der sofort folgenden, hochdosierten Schenkelhilfe in Höhe der Hinterhand des Pferdes (in Schulterhöhe würde bremsend wirken!) ein, zwei oder drei Mal laut treibend mit der Gerte, jedoch ohne das Pferd damit zu berühren.
Die meisten Pferde haben das Peitschenzischen als antreibendes Geräusch gelernt, entweder beim Longieren oder bereits in frühester

Jugend bei Stuten- und Fohlenpräsentationen, und bewegen sich umgehend vorwärts. In diesem Moment ist es jetzt aber absolut wichtig, das Pferd auch tatsächlich laufen und notfalls sogar in Maßen bocken zu lassen und nicht gleich wieder abzubremsen (siehe 4. Hilfen-Prinzip), um es nicht zu verunsichern. Auch die Form – durchs Genick oder nicht – ist in solchen Augenblicken absolut zweitrangig. Es geht bei dieser Korrektur, und etwas anderes ist diese Aktion nicht, ausschließlich darum, dem Pferd die Bedeutung des vortreibenden Schenkels wieder klarzumachen.
Je nach Pferdetyp reicht eine Wiederholung von zwei bis drei Mal meist schon aus, und das Pferd reagiert auch wieder auf die einleitende ‚normale' Schenkelhilfe. Diese muss übrigens immer als erste Einwirkung gegeben werden, damit das Pferd überhaupt auch die Chance hat, im Sinne des Reiters ‚richtig' zu reagieren. Wie jede Korrektur sollte auch diese nur einige wenige Male eingesetzt werden, ansonsten nutzt sie sich ab und wirkt nicht mehr wie gewünscht. Als Hilfen-Ersatz sind Korrekturen nicht geeignet, lediglich als Hilfen-Unterstützung.
Wichtiger Tipp: Unsichere Reiter auf Pferden, die bei einer solchen Zisch-Aktion zum wilden Buckeln neigen, sollten diese Korrektur von einem erfahrenen Reiter durchführen lassen.

SEITWÄRTS

SITUATION

Als eine der ersten Lektionen, bei denen der seitwärtstreibende Schenkel zum Einsatz kommt, gilt das Schenkelweichen. Wird es korrekt ausgeführt, schreitet oder trabt das Pferd in dem Tempo und dem Rhythmus, in dem es zunächst vorwärtsgegangen ist, in Stellung aber ohne Biegung vorwärts-seitwärts und kreuzt dabei sowohl mit seinen Vorder- als auch mit seinen Hinterbeinen. Neben allen möglichen Fehlern, die in dieser Lektion passieren können – zu viel Stellung,

Beim Schenkelweichen kreuzen Vorder- und auch Hinterbeine.

Seitwärtstreibender Schenkel – links zu weit vorn, rechts zu weit hinten

herumgezogen, Hinterhand voraus, über die äußere Schulter ausweichend – sieht man zwei Probleme recht häufig: Entweder bewegt sich das Pferd kaum seitwärts oder es bewegt sich nur noch schleichend-tastend und mühsam.

ANALYSE

Auch bei dieser Lektion muss sich der Reiter immer wieder an die eigene Nase fassen (wie bei allen anderen Lektionen im Übrigen auch). Sind Hilfen und Einwirkung nicht eindeutig für ein Pferd lesbar, kann es auch nicht das tun, was von ihm erwartet wird. Häufig ist die Ursache für diese Probleme beim Schenkelweichen in einer falschen Schenkellage, dem fehlenden Aussetzen der Einwirkung sowie einer falsch verstandenen Rücksichtnahme zu suchen.

REITERREAKTION

Falsch: Das Pferd geht nicht genügend seitwärts, der Reiter gibt jede Menge Impulse mit seinem inneren (theoretisch seitwärtstreibenden) Schenkel, übersieht dabei aber die falsche Schenkellage. Bleibt die Wade nämlich in Höhe des Gurtes liegen und übt dort Druck aus, wirkt die Hilfe vortreibend. Das Pferd reagiert also vollkommen richtig, wenn es NICHT seitwärts geht und vielleicht sogar sein Tempo erhöht.

Ebenso falsch ist es, mit dem richtig hinter dem Gurt positionierten, seitwärtstreibenden Schenkel Dauerdruck auszuüben. Erstens bekommt das Pferd dann keine Rückmeldung darüber, dass das Weichen zur Seite erwünscht war, zweitens erwidert es irgendwann den Druck und drückt seinerseits gegen den Schenkel, und drittens führt ein derartiges Quetschen meist auch dazu, dass sich der Reiter aus seiner korrekten Sitzposition herausschiebt, seinen Oberkörper verdreht und dem Pferd das richtige Gehen somit noch erschwert.

Richtig: Der Reiter muss immer bemüht sein, seine Hilfen eindeutig zu geben. Bei den Schenkelhilfen gehört die richtige Lage, die richtige Dosierung und der richtige Rhythmus der Schenkel dazu. Läuft das Pferd durch die

Durch die quetschende Schenkelhilfe verdreht sich die Reiterin im Oberkörper.

Hand des Reiters hindurch mehr nach vorn als zur Seite, nicht gleich mit dem Pferd hadern, sondern kurz überprüfen, ob der benötigte Schenkel wirklich in der seitwärtstreibenden Position, also aus der Hüfte heraus leicht zurückgenommen hinter dem Gurt, liegt. Wenn nicht, umgehend korrigieren und an der richtigen Stelle einsetzen, bis die Lektion beendet ist. Dann noch mal, diesmal ganz bewusst mit korrekter Schenkellage, wiederholen. Ist das Pferd bereits verunsichert und geht noch immer zu viel nach vorn, Schritt für Schritt bzw. Tritt für Tritt einwirken: parieren – seitwärts – parieren – seitwärts. Eindeutigkeit ist auch bei der anderen Fehler-Variante, dem Tasten, angesagt. Hier ist es der seitwärtstreibende Schenkel, der gern ein, zwei Mal energisch eingesetzt werden darf. Wichtig ist aber: nicht quetschen, sondern kurze Seitwärts-Impulse geben. Auf jeden Schritt/Tritt zur Seite folgt ein Moment der Druckwegnahme. Hierüber erhält das Pferd die Rückmeldung, dass, wenn es mit seitlichem Weichen reagiert, sich der (lästige) Schenkeldruck verringert. Das Zögern und Tasten entsteht nämlich erst durch den quetschenden Schenkel und den sich dadurch auch verdrehenden Oberkörper des Reiters. Reicht der Schenkel anfangs nicht aus, macht es Sinn, die Gerte auf diese Seite, quasi als verlängerten oder verdoppelten Schenkel mit kleinen Einwirkungen, hinzuzunehmen.

Bei allen Hilfen gilt: Sind sie vom Pferd einmal verstanden und verinnerlicht worden, reduziert sie der Reiter auf ein Mindestmaß. Nur so kann unsichtbare Hilfengebung entstehen, die den Eindruck mentaler Verschmelzung von Pferd und Reiter vermittelt.

Durch den verbesserten Sitz schreitet das Pferd fleißiger seitwärts, ein wenig mehr Stellung wäre hier erwünscht.

Gerte — und Sporen

Immer wieder hört man die Diskussion, ob der Einsatz von Gerte und Sporen nicht tierschutzwidrig ist. Richtig eingesetzt sind diese Hilfsmittel, und etwas anderes sind Gerte und Sporen nicht, für ein Pferd überhaupt kein Problem. Im Gegenteil.

Die Gerte wirkt als Verlängerung des Reiterschenkels und soll als solche lediglich für Eindeutigkeit der dazugehörenden Schenkelhilfe sorgen. Sie unterstützt den Schenkel, wenn notwendig, und hilft dem Pferd, ihn zu begreifen. Ja nach Platzierung der Gertenhilfe – an der Schulter, am Bauch, an der Hinterhand entweder weiter oben oder weiter Richtung Sprunggelenk – lassen sich über kurzes Touchieren (= Berühren) kleine und genaue Impulse setzen. Zur Strafe ist die Gerte dagegen aus oben beschriebenen Gründen nicht gedacht, zum Fleißigmachen reicht meist schon das Zischen (siehe S.44 und 96).

Auch der Sporn hat seinen Sinn und seine Daseinsberechtigung nicht in Hacken und Stechen, sondern in einer Verfeinerung der Schenkelhilfe. Voraussetzung für den Einsatz von Sporen ist also nicht das Ignorieren der Hilfen, sondern das bereits bestehende Verständnis für den treibenden Schenkel. Mit dem Sporn lassen sich nun, bei korrektem Einsatz, noch punktgenauer kleinste Impulse setzen. Dass dies nur der Reiter kann, dem über einen ausbalancierten Sitz bereits eine absolut sichere und fein dosierbare Einwirkung gelingt, sollte sich von selbst verstehen.

Gerte und Sporen sind Kommunikationsmittel, keine Strafwerkzeuge. Sie dienen der Verfeinerung der Reiterhilfen.

GANZE PARADE

SITUATION

Eigentlich soll das das Pferd anhalten, aber auf die parierenden Hilfen seines Reiters läuft es noch ein paar Schritte aus, meist mit vorgestrecktem Hals oder gegen die Hand, bevor es endlich zum Stillstand kommt. Das Ganze wirkt wie Kampf oder wie die letzten stotternden Meter eines Autos mit leerem Benzintank.

ANALYSE

Ist das Pferd stur, unsensibel oder blöd? Nichts von alledem. Der Grund für das vorübergehende Ignorieren der Parade und das Durchlaufen liegt (mal wieder) einzig und allein in der Einwirkung des Reiters begründet. Entweder war die nämlich nicht eindeutig und hat dem Pferd Spielraum für Interpretation gegeben. Oder die Vorbereitung kurz vor der Parade oder sogar die gesamte Vorarbeit durch den Reiter war nicht korrekt.

REITERREAKTION

Falsch: Bei auslaufenden Paraden gibt es mehrere falsche Reiterreaktionen. Die eine wäre, sich nicht um diesen Fehler zu scheren und das Pferd auch weiterhin auslaufen zu lassen. Warum soll es denn überhaupt umgehend halten? Weil promptes Durchparieren im Rahmen gymnastizierender Dressurarbeit die Kraft der Hinterhand und damit die Durchlässigkeit fördert und somit auf Dauer eine viel feinere und damit pferdefreundlichere Einwirkung ermöglicht. Weil gut gelingende Paraden in Dressurprüfungen einen Anhaltspunkt für korrektes Reiten sind. Und weil es auch für Freizeitreiter im Gelände sehr erstrebenswert weil sicherer ist, punktgenau anhalten zu können. Gründe genug, sich um eine verbesserte Einwirkung zu bemühen. Ein weiterer Fehler, der immer wieder gemacht wird, ist der kraftvollere Zügeleinsatz, meist noch kombiniert mit einem Zurücklehnen des Oberkörpers. Diese Aktion ist aber doppelt

Rückwärts wirkende Hand und Rücklage verhindern ein durchlässiges Anhalten.

Geschlossenes Stehen ist meist auch Zeichen einer gut gelungenen ganzen Parade.

falsch. Zum einen setzt sie auf die Frage: Wer von uns beiden ist stärker? Die Antwort liegt auf der Hand, und sei das Pferd noch so klein. Zum anderen übt der Reiter enormen Druck auf den Pferderücken aus, dem das Pferd zwangsläufig nach vorn entkommen will. Die rückwärts ziehende Hand blockiert zudem seine Hinterbeine, verhindert ein Vortreten unter den Schwerpunkt und verursacht eine schmerzhafte, weil viel zu starke Druckerhöhung im Pferdemaul.

Richtig: Zunächst einmal: Halten auch wirklich gedanklich wollen! Wer zögerlich zur ganzen Parade reitet nach dem Motto: ‚Ich glaube, Schätzchen, wir könnten jetzt mal gemeinsam an Anhalten denken', überfordert wieder die geistigen Fähigkeiten seines Vierbeiners. Das Pferd denkt nicht über Anhalten nach und auch nicht über eine ‚gute' Parade. Wie auch bei allen anderen Übungen, Lektionen und Linienführungen hat ein Pferd keine Vorstellung von falsch und richtig, von gelungen oder nicht gelungen, von gut oder schlecht. Es führt das aus, was ihm die Reiterhilfe zu verstehen gibt. Ist die Hilfe zögerlich, zögert auch das Pferd. Und wenn ein Pferd zig Mal auslaufend ins Halten gekommen ist, dann

Blau: Korrekter Sitz; Rot: Rücklage und ihre Folgen; Grün: Korrektur durch leichte Entlastung

Über korrekte Einwirkung treibt der Reiter in der Parade sein Pferd von hinten nach vorn an die Hand heran.

hat es dies auch so verinnerlicht und gelernt. Der Reiter muss also erst einmal in der Lage sein, seine Hilfe als Aufforderung zu geben, vorübergehend vielleicht sogar als Kommando. Sich vielleicht selbst einmal gedanklich vorstellen, dass sich gleich hinter dem Haltepunkt der Grand Canyon in gähnender Tiefe auftut. Ein Schritt weiter wäre das Ende! Viele Pferde kommen allein schon durch die nun bewusstere und eindeutigere Hilfengebung ihres Reiters prompter zum Halten und lernen, bei konsequentem Beibehalten dieser klaren Gedanken und Einwirkungen, auch wieder auf ihren Reiter zu ‚hören' und schneller zu reagieren. Reicht die Veränderung im Kopf nicht aus und neigt der Reiter nun vielleicht sogar zu Rücklage und Zügelzug, kann ein weiterer Trick helfen, das eigene Unterbewusstsein (oder auch das Bewusstsein) auszutricksen: Über ein kurzes Nach-vorn-Kippen des Oberkörpers leicht vor die Senkrechte ähnlich der Gewichtshilfe beim Rückwärtsrichten entlastet man den Rücken des Pferdes, ermöglicht so ein vermehrtes Untertreten unter den Schwerpunkt (was wiederum Voraussetzung für eine gelungene Parade ist) und bringt das Pferd mit dieser, nennen wir es ‚positiven Rückwärtshilfe', auch kurz aus dem Gleichgewicht. Viele Pferde stoppen dann wie gewünscht, und das ohne Zieherei und Kampf. Nun gibt es Pferde, die haben über so lange Zeit gelernt, dass sie beim Parieren den Hals lang machen und dabei den Reiter aus dem Sattel ziehen können/müssen, um dem Zügeldruck zu entgehen, dass alle guten Vorsätze des Reiters nicht fruchten. Hier kann eine kleine, korrigierende Zügeleinwirkung helfen, das Rechts-Links. Es ist nicht zu verwechseln mit Riegeln! Das Rechts-Links wird nur einmalig und als extrem kurze und kleine Zügeleinwirkung gegeben, bei der sich lediglich das Gebiss kurz im Maul bewegt, nicht aber der Pferdekopf. In dem Moment, in dem der Reiter fühlt, dass das Pferd ihn bei der Parade aus dem Sattel ziehen möchte, würde er diese kleine Einwirkung, so kurz und schnell wie man ‚Lass das' sagt, setzen. Die meisten Pferde stutzen einen Augenblick und hören eine Sekunde auf, zu ziehen. Und genau dies wäre der richtige Moment zum Nachgeben. Damit wird dem Pferd signalisiert: Durch Stoppen/ Zurückkommen verringert sich der Druck auf den Zügel sofort!

Achtung: Diese kurze Rechts-Links-Aktion gehört nicht zu den Zügehilfen, sondern stellt lediglich eine Korrektur dar, um beim Pferd wieder Aufmerksamkeit und Verstehen zu erlangen. Da sie schadlos nur aus einem absolut ausbalancierten Sitz und einer fein dosierbaren Einwirkung heraus gelingen kann, ist sie nichts für Anfänger oder unerfahrene Reiter mit Sitzproblemen!

RÜCKWÄRTS (UNGEWOLLT)

SITUATION

Hin und wieder passiert es: Der Reiter reitet eine ganze Parade und will eigentlich zum entspannten Halten kommen, aber das Pferd tritt zurück, entweder sofort oder nach kurzem Zögern. Eigentlich möchte der Reiter aber überhaupt nicht rückwärtsrichten und gibt deshalb die Hand vor. Und wenn das Pferd immer noch zurücktritt, boxt so mancher seinem Vierbeiner ein wenig verärgert in die Seite, um ihn wieder zum Vortreten zu veranlassen.

ANALYSE

Was ist geschehen? Warum bleibt das Pferd nicht stehen, sondern reagiert stattdessen mit Rückwärts? Weil es im Moment des Haltens eine etwas zu lang durchhaltende oder gar annehmende Zügelhilfe gespürt hat, die, verbunden mit dem Hineintreiben, letztlich auch der Auslöser fürs Rückwärts wäre – zumindest, wenn das Pferd das Rückwärtsrichten unterm Reiter schon beherrscht. Gerade erst angerittene Pferde werden sich deshalb eher selten beim Halten nach rückwärts entziehen. Im Falle des unerwünschten Rückwärts hat das Pferd eigentlich nur etwas missverstanden. Entweder, weil der Reiter mit zu viel Hand eingewirkt und/oder mit seiner notwendigen nachgebenden Zügelhilfe während der Parade zu spät war. Oder aber, weil das Pferd wenig durchlässig ist und in der Parade seinen Hals nach vorn lang und steif macht, auf die Vorhand gerät und sich so die Druckerhöhung aufs Gebiss quasi selbst abholt.

REITERREAKTION

Falsch: Die instinktive Reaktion fast aller Reiter ist in solchen Momenten ein deutliches Vorstrecken der Hände, ein schon übertriebenes Nachgeben. Bei einer perfekt funktionierenden Parade mit durchlässigem Genick und feiner Anlehnung wäre Nachgeben die richtige Aktion, bei ungewolltem Rückwärts dagegen nicht, vor allem nicht, wenn es wegen Undurchlässigkeit und ‚Aufs-Gebiss-Drücken' verursacht wurde. Wir erinnern uns: Nachgeben ist das Reduzieren der vorherigen Druckerhöhung und damit die Rückmeldung fürs Pferd, etwas richtig gemacht zu haben. Nachgeben verstärkt das, was das Pferd unmittelbar zuvor gemacht hat – in diesem Fall das Zurücktreten. Der Reiter treibt, weil er ja nicht rückwärts möchte, und gibt die Hand vor. Und das Pferd, gehorsam wie es ist, tritt weiter und weiter zurück, denn genau das hat es ja gelernt: Auf jeden Tritt zurück folgt bei einem korrekten Rückwärtsrichten ein kurzes Nachgeben durch den Reiter und dann wieder ein in die Hand hineintreiben. So entsteht diagonales Zurücktreten. Und um die Konfusion fürs Pferd nun vollends perfekt zu machen, tritt ihm sein Reiter womöglich noch in die Seite und schimpft „Du sollst doch nicht zurück!". Dass in solchen Momenten ein Pferd völlig irritiert ist, lässt sich nachvollziehen und hat sogar eine wissenschaftliche Bezeichnung: Trainingsverwirrung nennt sich das.

Das Pferd steht hinten offen, die Reiterin sitzt in leichter Rücklage – schlechte Voraussetzung für ein Rückwärtsrichten.

Richtig: Was aber tun, um das Problem ohne Stress zu lösen? Am besten erst einmal nichts. Nichts heißt hier: Der Reiter sollte tief, schwer und entspannt im Sattel sitzen bleiben (ohne mit verwahrenden Schenkeln oder entlastendem Sitz das Rückwärts noch zu bestätigen) und bei weich anstehendem Zügel abwarten. Irgendwann – das kann nach zwei Tritten sein, das kann nach zehn Tritten sein – bleibt das Pferd stehen. Und genau in diesem Moment sollte der Reiter umgehend mit Nachgeben reagieren und dem Pferd so signalisieren: „Anhalten, das wollte ich von dir." Was ist passiert? Beim Zurücktreten winkelt das Pferd seine Hanken vermehrt, also genau das, was es bei einer korrekt gerittenen, durchlässigen Parade auch tun würde. Dieses Senken der Hanken verkürzt das Pferd von hinten nach vorn, der Druck aufs Gebiss verringert sich – und zwar genau in dem Moment, in dem sich das Pferd hinten senkt und deshalb ausbalanciert anhalten kann. Hat es diesen Zusammenhang einmal begriffen und wird es von seinem Reiter darin durch richtiges Timing noch unterstützt, werden Paraden und ruhiges Stillstehen immer einfacher und durchlässiger. Das gilt dann übrigens nicht nur für die ganzen, sondern auch für die halben Paraden. Aus diesem Grund betont die Reitlehre ja auch immer wieder, dass die treibenden Hilfen immer Vorrang haben müssen vor den verhaltenden Hilfen (siehe auch nächster Punkt). Durch das korrekte Treiben im richtigen Moment wird nämlich, neben vielen anderen positiven Effekten, auch diese Hankenbeugung verursacht und verbessert. Bei Pferden, die auf eine während der Parade etwas zu feste Reiterhand mit Rückwärts reagiert haben, wird sich die kleine Unsicherheit bei entsprechendem Üben und Verbessern der reiterlichen Hilfengebung und des Timings gar nicht erst zum Problem auswachsen.

In diesem Rückwärts agiert die Reiterin richtig: Minimale Entlastung erleichtert die Hankenbeugung und das diagonale Zurücktreten.

Bei Pferden, die schon länger dazu neigen, aufgrund mangelnder Durchlässigkeit auf der Hand zu liegen oder ihren Reiter mit der Kraft ihres Halses nach vorn aus dem Sattel zu ziehen, kann die Lösung des Problems etwas länger dauern. Wichtig ist in beiden Fällen, mit für das Pferd schlüssiger Einwirkung zu reagieren und eben nicht im falschen Moment nachzugeben.
Kleiner Tipp: Ausbildung geschieht zu Hause und sollte so korrekt und systematisch wie möglich aufgebaut sein. Eine Dressurprüfung auf dem Turnier stellt eine Sondersituation dar. Spürt der Reiter hier, dass das Pferd den Hals lang macht und nach rückwärts weichen will, muss er im Sinne von Schadensbegrenzung schnell genug mit der Hand vor, bevor der erste Tritt zurück passiert. Das Zurücktreten wäre nämlich der größere Fehler gegenüber einem nun vielleicht nicht ganz so schön gerundeten Hals und durchlässigen Genick.

RÜCKWÄRTSRICHTEN (GEWOLLT)

SITUATION

Statt durchlässig und in diagonaler Fußfolge aktiv tretend, zieht das Pferd die Hufe durch den Sand, es wehrt sich gegen die Reiterhand oder es rennt hektisch und nicht diagonal rückwärts oder aber es bewegt sich überhaupt nicht wie gewünscht zurück.

ANALYSE

Rückwärtsrichten ist eine Lektion, die nicht nur Durchlässigkeit und Losgelassenheit eines Pferdes überprüft, sondern auch die Hankenbeugung und damit die Versammlungsfähigkeit fördert. Bei auftretenden Problemen muss sich der Reiter (mal wieder) fragen, ob er seinem Pferd die passenden Hilfen gegeben hat und ob das Pferd überhaupt schon weiß, was es tun soll. Das Zurücktreten ist die einzige

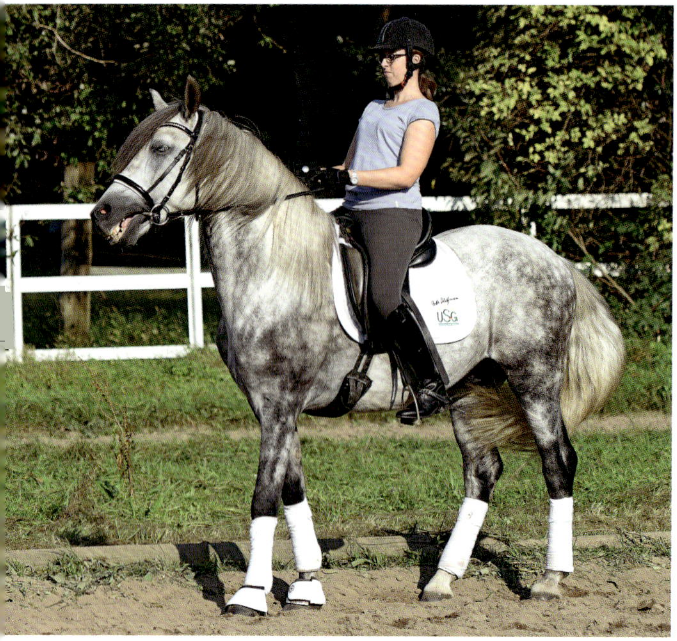

Zieht der Reiter, kann ein Pferd nicht rückwärts!

nicht absolut natürliche Bewegung eines Pferdes. In der Natur würde es sich im Allgemeinen eher umdrehen, als rückwärts zu gehen, da sich der größte tote Winkel seines Sehfeldes hinter ihm befindet. Rückwärtsrichten erfordert also, neben korrekter Hilfengebung, auch Vertrauen zum Reiter und zur Umgebung.

REITERREAKTION

Falsch: Gerade beim Rückwärtsrichten kann der Reiter ganz viel falsch machen. Manche Reiter versuchen, ihr Pferd mit den Händen nach rückwärts zu ziehen. Dabei entsteht enorm viel Druck auf Kiefergelenk und Lade des Pferdes, es wehrt und verkrampft sich, drückt seinen Unterhals heraus und seinen Rücken nach unten, wodurch sein Becken nach vorn kippt, seine Kruppe hoch kommt und seine Hinterbeine nach hinten schieben. So kann ein Pferd gar nicht mehr rückwärts! Noch schlimmer wird es, wenn der Reiter sein Pferd nun straft, denn damit fördert er weder das Vertrauen in ihn und die Lektion, noch hilft er dem Pferd beim Verstehen und bei der Ausführung. Ebenfalls falsch wäre es, bei einem Pferd, das hektisch und dann meist auch nicht diagonal nach rückwärts rennt, besonders entlastend zu sitzen und dabei noch dauernd nachzugeben, aus Angst, das Pferd mit der Hand noch zu behindern.

Richtig: Geht ein Pferd, aus welchen Gründen auch immer, (noch) zögerlich zurück, muss erst wieder die reiterliche Hilfengebung überprüft und analysiert werden. Denn was passiert zur Einleitung des Rückwärts? Das Pferd wird durch eine treibende Hilfe in Bewegung versetzt, eine Bewegung, die aber noch in der Entstehung durch eine umgehend folgende annehmende Zügelhilfe in Verbindung mit verwahrenden Schenkelhilfen ins Rückwärts umgeleitet wird. Dass diese komplexe Einwirkung mit so nah beieinanderliegenden und trotzdem etwas anders wirkenden Ergebnissen erst einmal vom Pferd verstanden und erlernt werden muss, liegt auf der Hand. Bei jungen Pferden oder älteren, die noch Probleme mit der Lektion haben, macht es deshalb Sinn, die Reiterhilfen durch einen Helfer vom Boden aus zu unterstützen. Der Helfer tippt mit den

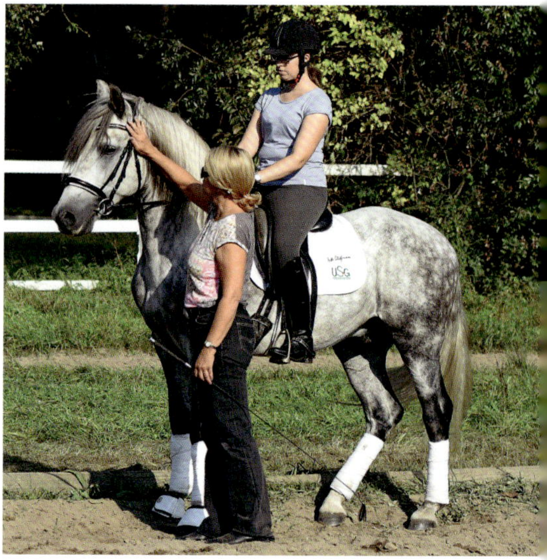

Entspannung und Vertrauen sind wichtige Voraussetzungen auch fürs Rückwärtsrichten.

Fingern an die Bugspitze des Pferdes oder mit einer Gerte an Bugspitze oder Vorderbein und fordert das Pferd so zum Zurückweichen auf. Vor jedem Tritt rückwärts steht eine annehmende Zügelhilfe, auf jeden Tritt rückwärts folgt ein Nachgeben. Das Pferd lernt somit, dass es bei einer bestimmten Hilfenkombination und Hilfenabfolge zurücktreten soll. Dem jungen Pferd, dessen Rücken noch nicht so stabil ist und das sich noch nicht versammeln kann, hilft der Reiter, indem er ein wenig entlastend sitzt. Beim weiter ausgebildeten Pferd und auch bei Pferden, die zum Zurückeilen neigen, sitzt er dagegen beinahe unverändert tief ein, um bei Bedarf in Richtung der Reiterhand treiben zu können. Hat das Pferd die Reiterhilfen begriffen, wird es willig darauf reagieren – vorausgesetzt die Hilfen werden richtig gegeben und das Pferd hat auch in der übrigen Arbeit gelernt, nachgiebig im Genick zu sein. Gerade für das Rückwärtsrichten ist eine Vorbereitung durch systematische Bodenarbeit sehr hilfreich. Auf diese Weise lässt sich via positiver Verstärkung die ungewohnte Aktion des Zurückweichens dem Pferd bereits näherbringen.

ANNEHMEN/ NACHGEBEN

SITUATION

Wir alle haben es im Unterricht schon recht früh als Reitanfänger gehört: Auf jede annehmende Zügelhilfe folgt eine nachgebende. Dieses „Annehmen-Nachgeben" wird aber häufig missverstanden und zeigt sich dann in mysteriösen Pumpbewegungen der Reiterfäuste, mit denen das Pferd nichts anfangen kann und im Gegenteil irgendwann auf Zügeleinwirkungen abstumpft. Statt zu lernen, durchs Genick zu kommen, machen sich viele Pferde bei solch sinnbefreiter Einwirkung eher fest.

ANALYSE

Und wieder zur Erinnerung: Nachgeben ist Reduzierung/Auflösung von Druck und verstärkt damit das, was das Pferd unmittelbar zuvor angeboten hat. Drückt das Pferd auf die annehmende Zügelhilfe gegen das Gebiss, wäre Nachgeben in diesem Augenblick also vollkommen fehl am Platz, denn es würde das Drücken und damit das Problem verstärken.

Über leichtes Touchieren des Helfers vom Boden aus lässt sich die Hilfengebung unterstützen und so das Verstehen durchs Pferd beschleunigen.

„Der Reiter soll … nicht mit der Hand die Hinterhand zu belasten suchen, sondern durch vortreibende Hilfen die Hinterbeine veranlassen, mehr unter die Gewichtsmasse zu treten und sich dadurch zu belasten … Gegen diese Regel wird vielfach gefehlt, namentlich von allen Reitern, die wegen zu steifer Körperhaltung tote Schenkel haben und deshalb stets geneigt sind, diesen Mangel durch verdoppelte Tätigkeit der Hand zu ersetzen."

(Gustav Steinbrecht, 1808–1885)

REITERREAKTION

Falsch: Der Reiter gibt eine annehmende Zügelhilfe, die aber, vermutlich wegen fehlender oder zumindest nicht korrekter treibender Hilfe, die Hinterbeine nicht zum weiteren Vorfußen aufgefordert und das Pferd somit nicht von hinten nach vorn verkürzt hat. Dadurch gerät es auf die Vorhand und stützt sich auf bzw. gegen das Gebiss. Gibt der Reiter nun nach, verstärkt er dieses Stützen. Das Pferd lernt: Wenn ich nach vorn ziehe oder drücke, dann löst die Reiterhand den Druck auf. Beim nächsten Mal wird es wieder auf die Hand drücken, beim übernächsten Mal auch und so fort. Irgendwann läuft das Pferd unbeirrt durch sämtliche halben und ganzen Paraden hindurch, statt sie durchlässig anzunehmen und im Genick nachzugeben. Das ist keine Sturheit und auch kein böser Wille, sondern Ergebnis der reiterlichen „Ausbildung".

Die Hinterhand ist nicht in Richtung Schwerpunkt herangeschlossen, das Pferd läuft auf der Vorhand.

Das gleiche Pferd bei korrekter Einwirkung mit aktiver Hinterhand und schön bergauf

Richtig: Drückt ein Pferd auf die Hand, ist dies immer ein Zeichen, dass die Hinterbeine nicht genügend Richtung Schwerpunkt herangeschlossen sind. Die Reaktion des Reiters müsste hier folglich lauten: Hand abwartend stehen lassen (= durchhaltende Zügelhilfe) und ganz bewusst vermehrt treiben. Durch das Treiben aktiviert der Reiter die Hinterbeine des Pferdes, die mehr unter den Schwerpunkt fußen und dem Pferd helfen, auch in Übergängen sein Gleichgewicht zu halten. Erst durch diese Kippung seines Beckens kann das Pferd, vorn eingerahmt über die durchhaltende Zügelhilfe, auch seinen Hals (vermehrt) runden und im Genick nachgeben. Und genau das ist der Moment, in dem auch die Reiterhand nachgibt. Also: Annehmen – Treiben/Durchhalten – Nachgeben. Und aufkommende Probleme immer erst mit Treiben beantworten!

Dieses Prinzip gilt für die gesamte dressurmäßige Ausbildung in jedem Moment. Hat ein Pferd diesen Zusammenhang verinnerlicht, greifen die einzelnen Aktionen des Reiters ineinander wie die Zacken eines Zahnrades. Anfangs ist das Zahnrad noch recht groß, benötigen die einzelnen Hilfenschritte also noch mehr Aufwand, Intensität und Zeit.

Das Zusammenspiel Kreuz-Hand-Schenkel muss perfekt abgestimmt sein.

Später dann werden sie immer kleiner, dezenter, kürzer und greifen so schnell und fein ineinander wie die winzigen Zacken einer mechanischen Schweizer Präzisionsuhr. Voraussetzung dafür ist, dass jedes einzelne Teil der Hilfe vom Pferd verstanden und vom Reiter perfekt gegeben wurde. Ist auch nur eine Zacke defekt (auf die Hilfengebung bezogen eine Einwirkung nicht genau), hakt das gesamte System.

WIDERSÄTZLICHKEIT

SITUATION

Apropos das System hakt – stimmt in der Hilfenabstimmung etwas nicht und das vielleicht häufig oder über einen längeren Zeitraum hinaus, kann es schon mal passieren, dass sich das Pferd der Einwirkung des Reiters widersetzt. Gegen die Hand gehen, sich herausheben oder sogar Blockieren (also plötzliches Abbremsen) und Androhen von Steigen sind nur einige Formen möglicher Widersetzlichkeit.

ANALYSE

Ist es einmal so weit gekommen, sind zwei Dinge besonders wichtig: Ursachenforschung und Selbstkritik. Ein Pferd nimmt sich nicht einfach vor, die Mitarbeit einzustellen. Paul Stecken (1916 – 2016), einer der großen deutschen Ausbilder von Pferd und Reiter, hat nicht nur den berühmten Satz geprägt: ‚Richtig Reiten reicht!', sondern auch den Satz: ‚Pferde gehen gerne richtig'. Da ist ganz viel Wahres dran. Es gibt keinen Grund für ein Pferd, ‚falsch' zu gehen, denn es kennt ja kein Falsch und Richtig. Pferde setzen vielmehr das um, was ihnen der Reiter vermittelt. Ist diese Vermittlung klar, eindeutig und umsetzbar, werden Pferde auch das tun oder in ihren natürlichen Grenzen zumindest versuchen, das zu tun, was dem Reiter vorschwebt. Vorausgesetzt der Reiter gesteht dem Pferd zu, herauszufinden, was es machen soll, ‚Fehler' inbegriffen. Widersätzlichkeiten entstehen in diesem Zusammenhang häufig aus Missverständnissen heraus oder auch aus Überforderung. Deshalb gilt auch bei jeder entstandenen Widersächlichkeit: Nachdenken. Alles hat seinen Grund!

Zügel wegwerfen ist nicht immer die richtige Reaktion und kann Unsicherheit verstärken.

„Es ist viel einfacher, Gewalt einzusetzen, als das Gehirn. Wenn man nach sorgfältiger Beobachtung nahezu sicher ist, dass man logisch gehandelt hat, dass die Anforderungen logisch, intelligent und verständlich waren und dass man nicht aus Versehen die einfachen Gesetze der Mechanik verletzt hat, indem man einen Körperteil belastet hat, den man hätte entlasten sollen, oder keinen ähnlichen Fehler begangen hat, ist es viel besser bei anhaltendem Ungehorsam des Pferdes zu versuchen, sein Vertrauen zurückzugewinnen, anstatt es zu bestrafen, und es wieder zur Losgelassenheit zu bringen und dann noch einmal zu versuchen, ihm den Gehorsam abzuverlangen. Ich insistiere, dass ein Pferd gewohnheitsmäßig logisch auf Anforderungen reagiert, die an es gestellt werden. Anstatt zu versuchen, es dazu zu zwingen, unseren womöglich – beziehungsweise wahrscheinlich – unlogischen oder unverständlichen Anforderungen zu gehorchen, sollten wir uns besser selbst genauer untersuchen. Die Korrektheit der Reaktion ist fast immer proportional zur Präzision der Anforderung."

(Étienne Beudant, 1863 – 1949)

REITERREAKTION

Falsch: Auf eine Widersetzlichkeit mit Grobheit zu reagieren, wäre folglich falsch und unfair. Ebenso falsch kann es aber auch sein, wenn der Reiter bei jeder drohenden Widersetzlichkeit hektisch nach vorn fällt und die Zügel wegwirft, aus Angst, das Pferd könnte vielleicht steigen. Vor allem, wenn Pferde blockieren, reagieren viele Reiter instinktiv so und rufen damit letztlich immer häufigeres Blockieren hervor. Das Wegwerfen der Zügel (also Aussetzen des Drucks) wirkt ja verstärkend auf das, was vorher war – in diesem Falle also das plötzliche Bremsen. Was also tun?

Hier stimmt die Kommunikation zwischen Pferd und Reiterin wieder, das zeigt auch die Mimik.

Richtig: Erst einmal die Hand abwartend stehen lassen, tief sitzen bleiben und in Ruhe vortreiben. Das gilt für das ‚Gegen-die-Hand-Gehen' genauso wie für das Blockieren. Bei Letzterem sollte über das Treiben jedoch nicht zu viel Druck ausgeübt, sondern gegebenenfalls noch etwas abgewartet werden. Geht das Pferd nun rückwärts, reagieren wie auf S. 106 beim ungewollten Rückwärts beschrieben. Lässt es sich anreiten, in dem Moment die Hand vorgeben, in dem es sich wieder in Bewegung setzt. Nicht früher! Der Reiter will ja nicht das Stoppen/Blockieren verstärken, sondern die Vorwärtsbewegung.
Im zweiten Schritt macht es Sinn, sich Gedanken darüber zu machen, was die unerwünschte Reaktion des Pferdes hervorgerufen haben könnte. Sind alle äußeren Einflüsse ausgeschlossen (unpassender Sattel, Gesundheitsproblem etc.), muss ich mir als Reiter die Fragen stellen: Waren meine Hilfen für das Pferd klar und passend? Habe ich meinem Pferd eine Aufgabe gestellt, die es (noch) nicht leisten kann? Habe ich zu viel körperlichen und/oder psychischen Druck ausgeübt? Der selbstkritische Umgang mit diesen Fragen kann schon helfen, die vorübergehende Unstimmigkeit gar nicht erst zum größeren Problem werden zu lassen.
Vorsicht: Das Treiben in die durchhaltende Hand beim Blockieren erfordert Erfahrung und ein sicheres Gefühl für Intensität und Timing. Bei zu viel Druck nach vorn bei durchhaltender Hand könnte es sonst passieren, dass das Pferd tatsächlich mit Steigen reagiert, um sich aus der Situation zu befreien. Spätestens beim wirklich steigenden Pferd müsste der Reiter den Zügel vorgeben, um zu verhindern, dass sich das Pferd nach rückwärts überschlägt. Die Korrektur des Blockierens sollte deshalb immer unter Aufsicht eines erfahrenen (pferdefreundlichen) Ausbilders geschehen, der die Situation von unten aus beurteilen und entsprechend eingreifen und entschärfen kann.

TRAB-GALOPP/ GALOPP-TRAB

SITUATION

Der Reiter möchte aus dem Trab angaloppieren und irgendwie klappt es nicht. Das Pferd wird schell und schneller, springt aber nicht in den Galopp. Oder, die gegenteilige Situation, es galoppiert und soll zum Trab durchparieren, aber es versammelt sich stattdessen mehr und mehr und galoppiert weiter.

ANALYSE

Derartige Probleme, vor allem bei diesen beiden Übergängen, resultieren in erster Linie aus einer Wissenslücke über biomechanische Abläufe und aus Missverständnissen zwischen Pferd und Reiter. Das Pferd macht nichts falsch, es macht lediglich das, was es glaubt, machen zu sollen.

„Das edle Pferd ist ein kluges und mutiges Geschöpf, das sich gegen absichtliche Tyrannei oft bis zur Aufopferung seiner Gesundheit und Kräfte verteidigt, dagegen dem gerechten Herrn ein treuer Freund und Diener ist, dem es willig beides opfert, wenn die Umstände es verlangen."

(Gustav Steinbrecht, 1808–1885)

Vor jedem Angaloppieren wird das Pferd durch eine halbe Parade geschlossen.

REITERREAKTION

Falsch: Im Falle des misslingenden Angaloppierens aus dem Trab reagieren viele Reiter mit schnellerem Traben, dabei lassen sie die Zügel durchhängen und wühlen mit ihrem Oberkörper. Wenn sie viel Glück haben, ‚rettet' sich das Pferd irgendwann in den Galopp. Doch meist artet die ganze Aktion in ein wildes Gerenne aus, das der Reiter dann zu allem Übel nicht mehr sitzen kann.

Beim Übergang vom Trab zum Galopp ist weniger Beschleunigung das Problem, sondern das eiserene, immer gesetztere Weitergaloppieren des Pferdes, obwohl man ja eigentlich traben möchte. Falsch wäre es hier, dem Pferd Sturheit zu unterstellen, denn eigentlich reagiert es auf die treibenden und verwahrenden und damit versammelnden Hilfen ja korrekt. Immerhin funktioniert das Versammeln eines Pferdes, also Parieren im Galopp, ja über fast identische Hilfen wie das Durchparieren. Am Zügel zu reißen oder das Pferd mit der Gerte zu bestrafen, wäre hier also (mal wieder) absolut falsch.

„Bei dem nachdenkenden und vernünftigen Reiter setzen wir voraus, daß er nichts mit dem Pferde unternimmt, ohne die Frage: Warum? an sich zu thun und sie sich auch gehörig aufzulösen weiß."

(Ludwig Hünersdorf, 1748–1812)

Richtig: Und wie lassen sich diese beiden Übergangs-Probleme abstellen? Eigentlich ganz einfach. Will man angaloppieren, muss, so wie bei fast allen anderen Lektionen und Übungen auch, zunächst eine halbe Parade gegeben werden. Dabei verkürzt sich das Pferd nämlich von hinten nach vorn in Richtung des gemeinsamen Schwerpunktes von Pferd und Reiter. Gerade weil die Hinterhand in dieser einen Sekunde mehr unter den Schwerpunkt kommt, kann der erste Galoppsprung überhaupt erst auf Hilfe ausgelöst werden. Fehlt die halbe Parade und steht stattdessen nur ein vermehrtes Vortreiben im Vordergrund, meist noch mit Vorschnellen der Zügelfäuste, fällt das Pferd auseinander, verliert sein Gleichgewicht und gerät auf die Vorhand. Deshalb wird das Angaloppieren schwierig. Das Angaloppieren aus dem Trab also besser quasi in einen Gedanken des Durchparierens reiten wollen. Genau umgekehrt ist es beim Problem des Parierens vom Galopp in den Trab. Pferde, die sich noch gar nicht versammeln lassen, haben hier meist keine Schwierigkeit. Pferde dagegen, die bereits mehr oder weniger weit in Richtung Versammlung gearbeitet wurden, verwechseln bei nicht absolut klarer Einwirkung die sich sehr naheliegenden Reiterhilfen. Hier hilft es meist, beim Auftauchen dieses Problemchens das Pferd kurz in die ‚falsche' Richtung, also nach außen, zu stellen und es so minimal zu stören. Meist klappt's dann auch mit dem Übergang.

ALLGEMEINE LEKTIONSFEHLER

SITUATION

Die Lektion, sei es die ganze Parade, das Kurzkehrt, der einfache oder fliegende Galoppwechsel oder was auch immer, klappt nicht. Die Parade ist gegen die Hand, das Kurzkehrt mit haftenden Hinterbeinen, der einfache Wechsel über Tritte, der fliegende Wechsel nachgesprungen. Was tun?

ANALYSE

Zunächst einmal gibt es zwei Arten von Fehlern. Die, die sonst eher selten passieren, und diejenigen, die irgendwie nicht abzustellen sind. Die Ersteren kann man als Reiter getrost ignorieren und die Übung einfach umgehend noch mal (richtig) wiederholen. Bei Zweiteren muss man in sich gehen und sich fragen, wo der Grund für das Problem liegen kann. Ist die Hilfengebung nicht korrekt und eindeutig? Stimmt das Timing? Stimmt die Vorbereitung? Stimmen die notwendigen Grundlagen für die gewünschte Lektion? Immer wieder auftretende Fehler bei fliegenden Galoppwechseln beispielsweise weisen weniger auf die Dummheit oder Sturheit des Pferdes hin, sondern viel eher auf allgemeine Probleme der Galoppade, sei es hinsichtlich Takt, Durchsprung, Geraderichtung oder Durchlässigkeit. oder auch auf Überforderung. Vielleicht hat der Reiter den Moment für eine wichtige Pause verpasst?

REITERREAKTION

Falsch: Mit Verärgerung zu reagieren, wie es viele Reiter tun, wenn eine Lektion in die Hose geht, ist wenig hilfreich. Wir erinnern uns: Das Pferd weiß nicht, wie eine Lektion aus Sicht der Reitlehre aussehen soll. Es kennt kein falsch und richtig, es setzt nur um, was der Reiter ihm via Einwirkung gesagt hat. Ärger, Grobheit oder gar Strafen für Lektionsfehler sind deshalb tabu!

Ebenso falsch wäre es, eine solche Problem-Lektion zigfach zu wiederholen (und womöglich bei jedem Fehler aus Frust wieder mit Verärgerung zu reagieren). Viel bringt nicht immer viel, sondern kann im Gegenteil zu Verunsicherung, Konzentrationsschwächen und Stress führen, was Lernen wiederum erschwert oder – spätestens wenn der Stress in Angst umschlägt – gar unmöglich macht.

Wenn irgendetwas nicht klappt, muss der Reiter über mögliche Gründe nachdenken, nicht das Pferd.

„Es ist die typische Eitelkeit und Impertinenz des Menschen, ein Tier dumm zu nennen, nur weil sein menschlicher Verstand nicht ausreicht, es zu verstehen."

(Mark Twain, 1835–1910)

Richtig: Ruhe bewahren und erst einmal die Lektion wiederholen. Klappt sie dann ohne Fehler, vielleicht noch ein, zwei Mal abfragen, dann etwas anderes reiten. Klappt die Lektion dagegen wiederum nicht, erst einmal analysieren, wodurch der Fehler verursacht sein könnte. Meist erkennt man als Reiter dann schnell, dass man selbst etwas falsch gemacht hat. Oder aber, dass das Problem tiefer liegt. Bezogen auf den oben beschriebenen Galoppwechsel-Fehler liegt die Ursache zum Beispiel häufig in grundsätzlichen Problemen der Galoppade. Entweder stimmt der Takt nicht, der Galopp ist nicht genügend versammelt, das Pferd galoppiert flach oder mit hoher Kruppe oder es mangelt noch erheblich an der Geraderichtung. In einem solchen Fall müsste also nicht der Galoppwechsel geübt, sondern zunächst die Galoppade verbessert werden. Diese Vorgehensweise gilt auch für alle anderen Lektionen.

006 In diesem Film erfahren Sie etwas über den Umgang mit Fehlern.

Pferd und Reiterin sind hoch konzentriert.

Für jegliche Lektionen gilt darüber hinaus: Gerade so viele Wiederholungen wie notwendig reiten, um sie als Bewegungsablauf zu festigen, aber dabei nichts übertreiben. Abgesehen von körperlicher und psychischer Überlastung – die zwanzigste Traversale hintereinander geht irgendwann auf die Gelenke, der hundertste fliegende Galoppwechsel überfordert unter anderem auch die Kondition – wird ein Pferdegehirn in seinen Grundzügen nicht viel anders, wenn auch sicher simpler, funktionieren als ein menschliches Gehirn. Beim Menschen hat man in der Hirnforschung zum Thema Lernen zum Beispiel herausgefunden, dass Lerninhalte, auch motorische, die quasi in „kleinen Häppchen" erworben werden, besser und nachhaltiger gelernt werden, als dies beim Lernen „en Bloc" der Fall wäre (Spacing Effekt). Aber auch, dass das Abfragen des neu Erlernten bereits nach kurzer Zeit erfolgen sollte und eben nicht erst am Ende des Lernprozesses (Testing Effekt). Von diesem Vorgehen profitiert besonders das Kurzzeitgedächtnis, das gerade bei Pferden eher schlecht ausgebildet ist.

Für das Erlernen neuer Lektionen bzw. das Korrigieren fehlerhafter Lektionen heißt das: Nach einigen Wiederholungen eine kurze Pause einbauen (das kann eine echte Pause am hingegebenen Zügel sein oder aber eine inhaltliche Pause über das Reiten anderer Übungen), dann die Neu- bzw. Problemlektion noch mal bzw. einige Male abfragen. Wenn's dann klappt, am nächsten Tag entsprechend weiter daran arbeiten und die Übung festigen, gegebenenfalls wieder über den Ablauf kurze Sequenz-Pause-Wiederholungssequenz. Auf diese Weise lernt das Pferd stressfrei und nachhaltig. Denn auch ein Pferd kann nicht unbegrenzt aufmerksam und konzentriert sein. Vor allem bei jungen Pferden ist die Aufmerksamkeitsspanne, ähnlich wie bei kleinen Kindern, deutlich kürzer als bei weiter ausgebildeten, älteren Pferden. Abschließend kann man eigentlich gar nicht oft genug betonen, dass gutes Reiten, basierend auf den Erfahrungen der alten Meister, den Erkenntnissen moderner Wissenschaft und dem Verstehen und Respektieren der Zusammenhänge der beste Tierschutz ist und die Zukunft unserer Pferde sichert.

VIELEN DANK!

Ich möchte mich an dieser Stelle bei allen meinen Reiterinnen für ihre Mitarbeit bedanken und für ihre Bereitschaft, Reiterfehler absichtlich zu demonstrieren und sich auch in den daraus folgenden ungünstigen Momenten für dieses Buch fotografieren zu lassen. Das ist keine Selbstverständlichkeit. Und ich bedanke mich bei den Pferden, die geduldig in beeindruckender Weise gezeigt haben, wie sensibel sie auf derartige Fehler reagieren und wie sehr sie dadurch am ‚richtigen Gehen' gehindert werden.

Britta Schöffmann

So entspannt sollte sich jedes Pferd in den Pausen während und nach der Arbeit präsentieren.

SERVICE

— *zu guter Letzt*

QUELLEN

Deutsche Reiterliche Vereinigung (Hrsg.), 2014. Pferde verstehen – Umgang und Bodenarbeit. FN-Verlag, Warendorf

Fraser, A. F., 1992. The behaviour of the horse. CABI Publishing, Wallingford/UK

Hofman, M. A. and Falk, D., 2012. Evolution of the Primate Brain: From Neuron to Behavior; Elsevier Science Verlag, Amsterdam

König von Borstel, U., Euent, 2012. Influence of type and intensity of riders' reinforcement on horses' fear reactions. Edinburgh UK. pp. 100

Krueger, K. and Krueger, K. (eds.) 2010. Trainingslehre für Dressurpferde. Xenophon Verlag, Wald

Krueger, K. (ed.), 2010. Das Pferd im Blickpunkt der Wissenschaft. Xenophon Verlag, Wald

Malavasi, R., Huber, L., 2016. Evidence of heterospecific referential communication from domestic horses (Equus caballus) to humans. Animal Cognition, Springer Berlin Heidelberg

Lethbridge, E., 2009. Knowing your horse: a guide to equine learning, training and behaviour. Wiley-Blackwell Verlag/UK

McLean, A., 2003. The Truth About Horses: A Guide to Understanding and Training Your Horse. David & Charles, Newton Abbot/UK

McLean, A. Training the ridden animal: An ancient hall of mirrors. The Veterinary Journal 11/2012

Ringhofer, M., Shinya, Y., 2017, Domestic horses send signals to humans when they face with an unsolvable task. Animal Cognition, Springer Berlin Heidelberg

Schöffmann, B., 2008. Jedes Pferd ist anders – typgerecht reiten, individuell ausbilden. KOSMOS Verlag, Stuttgart

Schöffmann, B., 2003/2006. Die Skala der Ausbildung. 2. Aufl., KOSMOS Verlag, Stuttgart

ZUM WEITERLESEN

Beran, Anja: **Aus Respekt!,** Reiten zum Wohle des Pferdes; Edition WuWei bei KOSMOS 2017
Dieses Buch richtet sich an „suchende" Reiter, die für ihr Pferd das Beste wollen oder sogar Ambitionen hegen, in die Welt der Klassischen Dressur einzutauchen; für Anfänger wie für den Profi. Hier treffen sich Wissenschaft und Praxis.

Heuschmann, Dr. med. vet. Gerd / Von Ziegner, Kurd Albrecht: **Die kommentierte H.Dv.12;** Edition WuWei bei KOSMOS 2017
Die Heeres-Dienstvorschrift von 1912 ist der Ursprung der heutigen Richtlinien für das Reiten und Fahren. Oberst a. D. Kurd Albrecht von Ziegner und Dr. Gerd Heuschmann ergänzen das Regelwerk der Reitkultur mit neuesten Erkenntnissen und ihrem Erfahrungsschatz. 15 Filmaufnahmen von Gesprächen der beiden namhaften Autoren bilden eine aufschlussreiche und wertvolle Ergänzung zu diesem unentbehrlichen Werk.

Gillian Higgins: **Anatomie verstehen – gesundheitsfördernd reiten;** KOSMOS 2017
Das neue Buch von Gillian Higgins beschreibt die Ausbildung von Pferden und die einzelnen Dressurlektionen und Springübungen aus anatomischer und biomechanischer Sicht. Erstmals wird auch die Anatomie des Reiters miteinbezogen. Praktische Übungen zur Verbesserung der Beweglichkeit, Körperhaltung und Stabilität bringen Pferd und Reiter in die Losgelassenheit und Balance, verringern Muskelprobleme und reduzieren das Verletzungsrisiko. Auch als E-Book erhältlich.

Klimke, Ingrid / Klimke, Reiner: **Grundausbildung des jungen Reitpferdes,** Dressur, Springen, Gelände; KOSMOS 2015
Der Name Klimke steht für eine pferdegerechte und vielseitige Ausbildung. Die ersten Monate und Jahre unter dem Sattel legen den Grundstein für die Zukunft eines Reitpferdes. Jedes Pferd, ob es im Sport eingesetzt oder in der Freizeit geritten wird, braucht eine solide und fundierte Grundausbildung, damit es seine Aufgaben unter dem Reiter zuverlässig, motiviert und bei bester Gesundheit erfüllen kann. Kein Buch beschreibt die Grundausbildung junger Reitpferde so fundiert wie dieser Klassiker.

Meyners, Eckhart: **Wie bewegt sich der Reiter?,** Bewegungsabläufe verstehen Sitz & Hilfengebung verbessern; KOSMOS 2016
Der Bewegungsexperte Eckhart Meyners gibt einen Überblick über die Anatomie des Reiters auf Basis neuster wissenschaftlicher Erkenntnisse und macht verständlich, was beim Reiten im Körper passiert. Er schlägt Faszienübungen vor, die helfen Haltung, Fitness und Beweglichkeit des Reiters zu verbessern. Auch als E-Book erhältlich.

Neumann-Cosel, Isabelle von: **Reitersitz und Reiterhilfen,** Korrekt sitzen, gefühlvoll einwirken; KOSMOS 2016
Nur wer ausbalanciert und richtig im Sattel sitzt, kann die reiterlichen Signale so vermitteln, dass sie beim Pferd korrekt ankommen. Die dazu passenden Übungen mit unterschiedlichem Schwierigkeitsgrad lassen das Gelernte direkt in die Praxis umsetzen.

Roida, Kathrin: **Gymnastizieren an der Hand;** KOSMOS 2017
Die Arbeit an der Hand fördert Konzentration, Körpergefühl, Selbstbewusstsein und Gesundheit der Pferde. Kathrin Roida zeigt, wie man Jungpferde, gesunde Reitpferde, Korrektur- und Rehabilitationspferde typ- und altersgerecht trainiert. Wichtige Lektionen werden von einer Osteopathin beurteilt, die biomechanische Zusammenhänge erklärt. Auch als E-Book erhältlich.

Schöffmann, Dr. Britta: **Die Skala der Ausbildung,** FN-Richtlinien in der Praxis; KOSMOS 2006
Erfolgreich reiten nach den Richtlinien der FN! Mit praxisnahen Schritt-für-Schritt-Anleitungen wird das Erfolgsrezept der deutschen Reiterei in Wort und Bild grundlegend erklärt. Die ideale Trainingsgrundlage für jeden fortgeschrittenen Reiter.

Schöffmann, Dr. Britta: **Aufgaben reiten leicht gemacht,** Praktische Tipps für alle Einzel- E-, A- und L-Dressuren; KOSMOS 2012
Das Trainingsbuch zu den aktuellen FN Dressuraufgaben bietet wertvolle Tipps zu Hilfengebung, Ausführung und Anforderungen in allen einzeln gerittenen Dressur- und Dressurreiterprüfungen der Klasse E bis L. Auch als E-Book erhältlich.

Schöffmann, Dr. Britta: **Die Dressurstunde,** Trainingskonzepte für jeden Tag, KOSMOS 2015
Der sinnvolle und systematische Aufbau einer Dressurstunde ist gar nicht so leicht. Wie lange muss ich mein Pferd aufwärmen und wie intensiv darf die Arbeitsphase sein? Welche Übungen sind lösend, welche versammelnd? Vor allem Turnier- und Freizeitreiter, die häufig ohne Reitlehrer trainieren, sind dankbar für klare Anleitungen und kompetente Hilfe, wie eine Dressurstunde pferdegerecht aufgebaut sein sollte und wie sie sich und ihr Pferd verbessern können. Erfolgsautorin Britta Schöffmann erklärt Zusammenhänge, zeigt, wie es geht und erstellt individuelle Trainingspläne.

Schöffmann, Dr. Britta: **Lektionen richtig reiten;** KOSMOS 2016
Von A wie Abwenden bis Z wie Zick-Zack-Traversale findet der Reiter in diesem Buch jede wichtige Lektion ausführlich erklärt. Er erfährt, wie die Übungen richtig geritten werden, welche Fehler man vermeiden sollte und mit welchen Hilfen die Lektionen Schritt für Schritt erarbeitet werden.

Schöffmann, Britta, Hölzel, Petra: **Basis-Pass Pferdekunde,** Prüfungswissen der FN für Theorie und Praxis; KOSMOS 2018
An diesem Buch kommt niemand vorbei: Der Basispass ist Voraussetzung für jeden Reiter und Pferdesportler, der sein erstes offizielles Abzeichen ablegen möchte! Nach der aktuellen LPO, WBO 2018, APO 2014. Auch als E-Book erhältlich.

Tietze, Tuuli: **Reiten mit inneren Bildern,** Lektionen verbessern mit mentaler Stärke; KOSMOS 2016
Erfolgreiches Reiten beginnt mit inneren Bildern, diese Erfahrung machen immer mehr Reiter. Aber warum verstehen Pferde die menschliche Vorstellungskraft und welche inneren Bilder eigenen sich für welche Lektionen? Dressurausbilderin und Reitlehrerin Tuuli Tietze erklärt wichtige Grundregeln der mentalen Verständigung und stellt viele praktische Regieanweisungen für das reiterliche Kopfkino vor.

Wilsie, Sharon / Vogel, Gretchen: **Sprachkurs Pferd,** Pferdesprache lernen in 12 Schritten; KOSMOS 2018
Jedes Zucken von Ohr oder Nüster, jede Bewegung des Pferdes hat eine Bedeutung. Pferde reden mit uns, doch die meiste Zeit übersehen wir diese Signale. Mit diesem Übersetzungshelfer lernen wir, die Sprache unserer Pferde zu verstehen und uns mit ihnen so zu unterhalten, dass sie unsere Wünsche verstehen und sich verstanden fühlen. Auch als E-Book erhältlich.

REGISTER

BILDNACHWEIS

Silke Thelen hat 68 Fotos für dieses Buch aufgenommen (S. 3, 24/25, 26, 29 o.li., mi. re., 30, 32, 36, 40/41, 47, 50, 52, 53, 55, 56/57, 64, 65, 66, 67, 68, 69, 70, 71, 74, 75, 76 re., 79, 80, 86, 87, 88, 89, 90, 91, 92, 93, 94, 95, 97, 98, 99, 101, 102, 103, 104, 108 o., u., 109, 110, 111, 112, 113, 117, 118, 119). Weitere Fotos von Mike Beims (1): S. 6; Maresa Mader / Kosmos (5): S. 10, 12, 13, 15, 16/17; Gabriele Metz / Kosmos (12): S. 4, 46, 54, 58 li., re., 59, 63, 72, 81, 84, 106, 107; Bärbel Schnell (1): S. 76 li., 120; Horst Streitferdt / Kosmos (19): S. 9 li., 16 o., 20 li., mi., re., 21, 22 u., 22/23, 27, 28, 38, 39, 42, 43, 60, 61, 83, 123, 124; Inge Vogel (11): S. 9 re., 18, 29 o.re., u.li., 31, 35, 49, 56 o., 73, 82, 115; Rolf K. Wegst (1). S. 5

Mit 7 Schwarzweißzeichnungen von Dr. Britta Schöffmann (S. 15, 19, 51, 71, 96, 103, 111), Archiv WuWei (2): S. 7, 8 und 2 Farbillustrationen von Prof. Dr. Uta König von Borstel

Mitwirkende Reiterinnen: Lena Backes, Christine Clanzett, Annika Gamerad, Julia Günther, Daniela Hahne, Ina Kronsbein, Kathrin Thelen

IMPRESSUM

Umschlaggestaltung von Jorge Schmidt unter Verwendung von zwei Farbfotos von Inge Vogel (Umschlagvorderseite) und Gabriele Metz / Kosmos (Umschlagrückseite).

Mit 140 Farbfotos, 2 Farbillustrationen und 9 Schwarzweißzeichnungen

---

Alle Angaben und Methoden in diesem Buch sind sorgfältig recherchiert, erwogen und geprüft. Sie entbinden den Pferdefreund nicht von der Eigenverantwortung für sein Tier und sich selbst. Die Anwendung der beschriebenen Methoden liegt in eigener Verantwortung. Der Verlag und die Autorin übernehmen keine Haftung für Personen-, Sach- oder Vermögensschäden, die aus der Anwendung der vorgestellten Materialien und Methoden entstehen.

Unser gesamtes Programm finden Sie unter **kosmos.de**.
Über Neuigkeiten informieren Sie regelmäßig unsere
Newsletter, einfach anmelden unter **kosmos.de/newsletter**

Gedruckt auf chlorfrei gebleichtem Papier

© 2018, Franckh-Kosmos Verlags-GmbH & Co. KG, Stuttgart
Alle Rechte vorbehalten
ISBN 978-3-440-15718-3
Redaktion: Alexandra Haungs
Gestaltungskonzept: Peter Schmidt Group GmbH, Hamburg
Gestaltung und Satz: Atelier Krohmer, Dettingen/Erms
Produktion: Claudia Frank
Druck und Bindung: Westermann Druck Zwickau GmbH, Zwickau
Printed in Germany / Imprimé en Allemagne

FSC® www.fsc.org MIX Papier aus verantwortungsvollen Quellen FSC® C110508

Kommunikation verbessern —— gutes Reiten fördern

216 Seiten, € (D) 29,99

MIT KOSMOS MEHR ENTDECKEN

—Von der Dressurexpertin

Dr. Britta Schöffmann

SEIT 1822

Von den absoluten Basisübungen bis hin zu schwierigen Dressurlektionen finden Sie in diesem Buch jede wichtige Lektion ausführlich erklärt.
In alphabetischer Reihenfolge wird dargestellt, wie die Übungen richtig geritten werden und wie Sie Fehler vermeiden können. Darüber hinaus wird deutlich, mit welchen Hilfen die Lektionen erarbeitet werden und wie sie das Pferd gymnastizieren.

„Ein Lektionen-Lexikon wie es kein zweites gibt: Als Richterin und Grand-Prix-Reiterin schöpft die Autorin viel aus der Praxis und beschreibt nicht nur, wie eine Lektion auszusehen hat, sondern auch welche Hilfen der Reiter dafür geben muss, was er falsch machen kann und welches Ziel die Lektion verfolgt. (...) Für jeden Reiter ein wertvolles Nachschlagewerk. (...) Ein Buch, das endlich wichtige Zusammenhänge darstellt ...“

St. Georg

kosmos.de

152 Seiten, € (D) 29,99

Der sinnvolle und systematische Aufbau einer Dressurstunde ist gar nicht so leicht. Welche Übungen sind lösend, welche versammelnd? Wie lange muss ich mein Pferd aufwärmen und wie intensiv darf die Arbeitsphase sein? Erfolgsautorin Britta Schöffmann gibt Anleitungen und kompetente Hilfe, wie eine Dressurstunde aufgebaut sein sollte und wie Sie sich und Ihr Pferd verbessern können. Mit individuellen Trainingsplänen für alle, die häufig ohne Reitlehrer trainieren. Extra: Mit exemplarischen Trainingsstunden der Top Dressurausbilder Ingrid Klimke, Helen Langehanenberg, Isabell Werth und Uta Gräf

---

Hier lernen Sie das Basiswissen für den richtigen Umgang mit dem Pferd. Dieser umfassende Prüfungsvorbereiter enthält alle vorgeschriebenen Themenbereiche für das Abzeichen Basispass Pferdekunde, die Zulassungsvoraussetzung zum Reitabzeichens 5: Pferdekunde, Pferdeverhalten, Umgang mit Pferden, putzen, trensen, satteln, verladen, Unfallverhütung, Fütterung, Gesundheit und Erste Hilfe. Aktuell nach der neuen Ausbildungsprüfungsordnung (APO), umfassend mit allen Inhalten der praktischen Prüfung und der Stationsprüfungen, praktisch mit lernunterstützendem Wissens-Check in Frage und Antwort.

112 Seiten, € (D) 12,99

Richtig gute Lernvideos
mit Britta Schöffmann auf pferdia.de
Artgerechte Ausbildung per Video für dich und dein Pferd
Beste Lernvideos von über 60 ausgewählten Ausbildern wie Britta Schöffmann
Individuelle Auswah möglichkeiten deine Inhalte aus über 400 Videos
pferdia.de
pferdia
YOUR RIDING COACH